计 算 机 科 学 丛 书

可定制计算

[美] 陈昱廷（Yu–Ting Chen） 丛京生（Jason Cong） 迈克尔·吉尔（Michael Gill） 著
格伦·雷曼（Glenn Reinman） 肖冰峻（Bingjun Xiao）

鄢贵海 叶靖 王颖 路航 卢文岩 李家军 吴婧雅 译

Customizable Computing

机械工业出版社
China Machine Press

图书在版编目（CIP）数据

可定制计算 /（美）陈昱廷（Yu-Ting Chen）等著；鄢贵海等译 . 一北京：机械工业出版社，2018.6

（计算机科学丛书）

书名原文：Customizable Computing

ISBN 978-7-111-60094-7

I. 可… II. ①陈… ②鄢… III. 计算机体系结构 – 研究 IV. TP303

中国版本图书馆 CIP 数据核字（2018）第 112488 号

本书版权登记号：图字 01-2017-7513

本书由知名计算机科学家丛京生教授领衔撰写，概述了高能效可定制体系结构的研究动态，包括可定制核和加速器、片上存储定制以及互连优化。书中不仅涵盖技术层面的讨论，还分析了一些成功的设计案例，并讨论了它们在性能和能效方面的影响。

本书可帮助该领域研究人员快速把握先进研究方向，为未来计算系统大规模部署的深入研究、设计和实现提供参考。

出版发行：机械工业出版社（北京市西城区百万庄大街 22 号 邮政编码：100037）

责任编辑：朱秀英	责任校对：殷 虹
印　　刷：三河市宏图印务有限公司	版　　次：2018 年 6 月第 1 版第 1 次印刷
开　　本：185mm×260mm　1/16	印　　张：9.5
书　　号：ISBN 978-7-111-60094-7	定　　价：49.00 元

文艺复兴以来,源远流长的科学精神和逐步形成的学术规范,使西方国家在自然科学的各个领域取得了垄断性的优势;也正是这样的优势,使美国在信息技术发展的六十多年间名家辈出、独领风骚。在商业化的进程中,美国的产业界与教育界越来越紧密地结合,计算机学科中的许多泰山北斗同时身处科研和教学的最前线,由此而产生的经典科学著作,不仅擘划了研究的范畴,还揭示了学术的源变,既遵循学术规范,又自有学者个性,其价值并不会因年月的流逝而减退。

近年,在全球信息化大潮的推动下,我国的计算机产业发展迅猛,对专业人才的需求日益迫切。这对计算机教育界和出版界都既是机遇,也是挑战;而专业教材的建设在教育战略上显得举足轻重。在我国信息技术发展时间较短的现状下,美国等发达国家在其计算机科学发展的几十年间积淀和发展的经典教材仍有许多值得借鉴之处。因此,引进一批国外优秀计算机教材将对我国计算机教育事业的发展起到积极的推动作用,也是与世界接轨、建设真正的世界一流大学的必由之路。

机械工业出版社华章公司较早意识到"出版要为教育服务"。自1998年开始,我们就将工作重点放在了遴选、移译国外优秀教材上。经过多年的不懈努力,我们与Pearson,McGraw-Hill,Elsevier,MIT,John Wiley & Sons,Cengage等世界著名出版公司建立了良好的合作关系,从他们现有的数百种教材中甄选出Andrew S. Tanenbaum,Bjarne Stroustrup,Brian W. Kernighan,Dennis Ritchie,Jim Gray,Afred V. Aho,John E. Hopcroft,Jeffrey D.

Ullman，Abraham Silberschatz，William Stallings，Donald E. Knuth，John L. Hennessy，Larry L. Peterson 等大师名家的一批经典作品，以"计算机科学丛书"为总称出版，供读者学习、研究及珍藏。大理石纹理的封面，也正体现了这套丛书的品位和格调。

"计算机科学丛书"的出版工作得到了国内外学者的鼎力相助，国内的专家不仅提供了中肯的选题指导，还不辞劳苦地担任了翻译和审校的工作；而原书的作者也相当关注其作品在中国的传播，有的还专门为其书的中译本作序。迄今，"计算机科学丛书"已经出版了近两百个品种，这些书籍在读者中树立了良好的口碑，并被许多高校采用为正式教材和参考书籍。其影印版"经典原版书库"作为姊妹篇也被越来越多实施双语教学的学校所采用。

权威的作者、经典的教材、一流的译者、严格的审校、精细的编辑，这些因素使我们的图书有了质量的保证。随着计算机科学与技术专业学科建设的不断完善和教材改革的逐渐深化，教育界对国外计算机教材的需求和应用都将步入一个新的阶段，我们的目标是尽善尽美，而反馈的意见正是我们达到这一终极目标的重要帮助。华章公司欢迎老师和读者对我们的工作提出建议或给予指正，我们的联系方法如下：

华章网站：www.hzbook.com
电子邮件：hzjsj@hzbook.com
联系电话：（010）88379604
联系地址：北京市西城区百万庄南街1号
邮政编码：100037

华章科技图书出版中心

计算机体系结构是连接上层应用和底层硬件实现的桥梁，在信息领域具有基础性作用。自 1971 年微处理器诞生以来，通过近 50 年的发展，微处理器体系结构经历了多代技术更迭。从最初每秒只能执行 5 万条指令的 4 位、8 位微控制器，发展到如今的数十个核、每秒可执行数十亿条指令的 64 位多核处理器。所承载的应用也从最初的简单算术操作，扩展到如今的人工智能、虚拟现实、自动驾驶、互联网等。"计算能力"正在像空气一样，逐渐渗透进人们日常生活的方方面面。

自英特尔创始人戈登·摩尔于 1965 年提出"摩尔定律"以来，芯片的运算能力大体上按照每 18 个月翻一番的速度在增长，其动力既来自于工艺的进步，也源于架构的不断创新。芯片制造工艺的进步所带来的贡献之大，使得架构可以几乎不做任何更改，仅采用更细化的半导体工艺，就可以获得可观的性能提升。同时，更多、更便宜的晶体管等片上资源也为很多架构设计提供了可能性，例如超标量、乱序执行、同时多线程、向量指令扩展等技术，这些都是在大量片上晶体管和互连资源的基础上才可能实现的架构创新。

但是，随着工艺不断细化并逐渐逼近一定的物理极限，最近几年，有关"摩尔定律终结"的观点不绝于耳。这意味着原来的"工艺－架构"这种"双轮驱动"的发展模式似乎很难平衡，在找到"新摩尔定律"之前,架构的创新需要担负起更为重要的角色。2005 年前后,有研究发现,单个处理器核的能效及提升已经遇到瓶颈,于是开始转向发展多核处理器架构。这是一个比较直接的演化过程,很多并行应用因此直接受益;但也有很多应用的性能并没有因为采用了多核处理器而得到提升,特别是那些没有"显式"并行度且难以进行并行编译优化的应用。时至 2010 年,体系结构学术界的一些前辈还常常责备架构设计人员"只关注集成更多的核,而不考虑软件如何才能充分利用它们"。

正所谓时势造英雄,与此同时,研究人员也开始了针对特定领域应用的架构研究,面向"特定领域计算"就是其中的代表。在这一技术框架之下,可定制计算是实现特定领域计算的有效技术路线,也是本书的主题。本书从计算引擎的架构设计、片上存储器的设计、片上网络的设计三个方面讨论了可定制计算涉及的核心内容,是对这一领域重要研究内容的总结和提炼。纲举目张,我们相信通过阅读本书,读者可以比较迅速地抓住该研究领域的重点,为进一步研究打下扎实的基础。

我从事体系结构学习和研究虚有十年,但在接到该书的翻译邀请时也倍感压力。本书作者是国际知名专家学者,通常对于译著而言,鲜有读者满意之作,这从各大书籍销售网站的评论便可见一斑。尽管如此,犹豫再三,还是决定接受这个挑战。一来通过此事获得学习的机会,加深对该领域的理解;二来也为国内该领域的相关学者贡献微薄的力量。

本书是集体贡献的结果。翻译团队包括我、叶靖博士、王颖博士、路航博士,还有博士生卢文岩、李家军、吴婧雅。其中叶靖负责第 4 章、王颖负责第 5 章、路航负责第 6 章,我和其他成员负责了其他部分,并统一校稿。在与编辑反复沟通的过程中,吴婧雅负责了大部分繁琐的工作。本书的翻译恰逢农历春节，团队成员都牺牲了大量陪同家人的时间来促成此事，在此特表示感谢。我们将多处原文进行了比较"中式"的表达，不求"信、达、雅"，但求无重大曲解。限于我们的水平，其中不足之处在所难免，恳请读者批评指正。

鄢贵海

陈昱廷（Yu-Ting Chen）

加州大学洛杉矶分校计算机科学系在读博士。分别于 2005 年和 2007 年在台湾 "清华大学" 获得计算机科学学士学位和经济学学士学位以及计算机科学硕士学位。作为暑期实习生，分别于 2005 年加入 TSMC，2013 年加入 Intel Labs。他的研究方向包括计算机体系结构、集群计算以及 DNA 测序技术中的生物信息学。

丛京生（Jason Cong）

1985 年于北京大学获得计算机科学学士学位，并分别于 1987 年和 1990 年在伊利诺伊大学香槟分校获得计算机科学硕士学位和博士学位。现为加州大学洛杉矶分校（UCLA）计算机科学系和电子工程系校长讲席教授。他还担任专用领域计算中心（Center for Domain-Specific Computing，CDSC）主任，UCLA 和北京大学理工联合研究所主任，以及超大规模集成电路技术（VLSI Architecture，Synthesis，and Technology，VAST）实验室主任，曾于 2005 ～ 2008 年任 UCLA 计算机系主任。他的研究领域涉及 VLSI 电路和系统综合、可编程系统、新型计算体系结构、纳米系统以及高度可扩展算法。他在这些领域发表了超过 400 篇著作，其中 10 篇获最佳论文奖，两篇获十年内最具影响力论文奖（ICCAD'14 和 ASPDAC'15），以及 2001 年 ACM/IEEE 电气设计自动化领域的 A. Richard Newton 技术影响力奖。于 2000 年当选 IEEE 会士，2008

年当选 ACM 会士。2010 年，因在电子设计自动化领域，特别是在 FPGA 综合、VLSI 互连优化以及物理设计自动化中所做出的开创性贡献，获得 IEEE 电路与系统协会年度技术成就奖。

迈克尔·吉尔（Michael Gill）

于加州理工大学波莫纳分校获得计算机科学学士学位，于加州大学洛杉矶分校获得计算机科学硕士和博士学位。他的研究主要关注高性能体系结构以及这类体系结构的互连、编译器、运行时系统及操作系统。

格伦·雷曼（Glenn Reinman）

1996 年于麻省理工学院获得计算机科学和工程学士学位。随后分别于 1999 年和 2001 年在加州大学圣地亚哥分校获得计算机科学硕士学位和博士学位。现为加州大学洛杉矶分校计算机科学系教授。

肖冰峻（Bingjun Xiao）

2010 年于北京大学获得微电子学士学位。分别于 2012 年和 2015 年在加州大学洛杉矶分校获得电子工程硕士学位和博士学位。他的研究方向包括机器学习、集群计算和数据流优化。

致 谢
Customizable Computing

  本研究由美国国家科学基金会计算远征项目（NSF Expeditions in Computing Award）CCF-0926127、未来体系结构研究中心（Center for Future Architectures Research，CFAR）（作为六个"半导体先进技术研发网络"（STARnet）项目之一，由美国国防高级研究计划局（DARPA）和微电子高级研究公司（MARCO）赞助的半导体研究联盟（Semiconductor Research Corporation，SRC）成立）以及美国国家科学基金会研究生助研奖学金（NSF Graduate Research Fellowship Grant）#DGE-0707424 支持。

Yu-Ting Chen, Jason Cong, Michael Gill,

Glenn Reinman, Bingjun Xiao

2015 年 6 月

摘要

随着登纳德定律在 21 世纪早期的终结，提升计算能效已经成为学术界和产业界的主要焦点，通用处理器和专用集成电路（ASIC）之间的巨大能效差异推动了对可定制体系结构的探索，即调整体系结构以适应负载。本书概述了高能效可定制体系结构的最新发展情况，包括可定制核和加速器、片上存储定制以及互连优化。除了对通用技术的讨论以及对每个领域所采用不同方法的分类外，我们也特别强调并举例说明了每个类别中一些十分成功的设计案例，并讨论了它们在性能和能效方面的影响。我们期望本书可以捕捉关于可定制体系结构的先进研发情况，为未来计算系统大规模部署的深入研究、设计和实现提供有价值的参考。

关键词

加速器体系结构，存储体系结构，多核互连，并行体系结构，可重构体系结构，存储，绿色计算

Customizable Computing

———

第 1 章

引　言

微处理器诞生于 1971 年。在其早期发展的 30 年中，处理器性能的提升主要受益于晶体管的登纳德缩放（Dennard scaling）定律[45]。该定律描述了晶体管在满足内部电场恒定（即每一代芯片的供电电压降低 30%）的条件下，晶体管尺寸每一代（大约两年）减小 30%。这一定律表征了晶体管的发展趋势，即晶体管密度每一代翻一番，同时晶体管的延迟降低 30%，功耗降低 50%，能耗降低 65%[7]。晶体管数目的增加也带来了更多体系结构设计的创新，例如优化的存储层次结构设计、复杂的指令调度以及流水线技术的支持。在过去的 20 年中（自 1.5μm 时代到 65nm 时代），这一系列技术的应用使得 Intel 的处理器获得了超过 1000 倍的性能提升，详见文献 [7]。

然而时至 21 世纪早期，登纳德缩放定律开始逐渐失效。尽管芯片的发展趋势依然遵循摩尔定律，即晶体管的尺寸每一代缩小 30%，但是随着漏电功耗的显著增加，供电电压的下降受到限制，同时不断提升的晶体管密度也使得芯片的功耗密度明显上升。为了满足日益增长的计算需求，同时维持恒定的功耗配给，计算产业界开始不再简单地诉诸于处理器频率的提升，而是转入并行时代，即在单个处理器中引入数十到数百个核，或者在仓储级的数据中心互连数百到数千个服务器。然而研究表明，高度的并行化使得通用芯片在性能、功耗、散热、空间以及成本等问题上面临严峻的挑战。"利用率墙"（utilization wall）[128] 的研究表明在 45nm 级的芯片上，仅有 6.5% 的部分可以正常工作。该试验以工作在最高频率（实验中采用 5.2GHz）300mm² 大小的芯片为研究对象，片上实现尽可能多的 64 位加法器（带有输入和输出寄存器）功能。按照漏电受限的缩放模型[128]，对于 32nm 级芯片，其利用率会进一步降低至 3.5%，大约比上一代技术规格的芯片缩小一半。

文献［51］对暗硅（dark silicon）现象进行了更加细致和真实的研究。作者研究了 20 个代表性的 Intel 和 AMD 处理器，并以此为基础建立了描述面积和性能以及功耗和性能之间关系的经验模型。这些模型和器件缩放模型共同应用于对不同技术时代的芯片面积、性能和功耗的估算。考虑以 PARSEC 系列基准程序[9]为代表的实际并行应用负载，兼顾不同的多核模型，包括对称多核和非对称多核（包含大核和小核）、动态多核（大核或者小核的使用取决于是否有功耗或者面积的限制）以及可整合多核（小核可以被整合在大核中）。此项研究表明，在当前配置下，22nm 级工艺的芯片有 21% 的部分无法正常工作，而采用 8nm 级的工艺后，出现暗硅现象的芯片面积比率将超过 50%[51]。这一研究同时也揭露了"简单的核缩放"技术路线的终结。

计算产业界和学术界都在积极主动地寻找一种超越并行技术的突破性解决方案，其目的是在单核缩放的限制下，不断提升芯片能效。最新研究表明，调整处理器结构以使其适配于某一特定应用领域的定制计算（customized computing）技术，将会为功耗效率的显著提升带来新的契机[7, 38]。

多项研究表明，与通用处理器相比，全定制的专用集成电路（ASIC）解决方案能够显著提高性能。早期的案例研究[116]以 128 位密钥 AES 加密算法为基准应用程序，发现当算法运行在 0.18μm CMOS 工艺技术的 ASIC 芯片上，其处理速率可以达到 3.86Gb/s，功耗开销为 350mW；在 StrongARM 处理器上，利用汇编语言实现同样的算法，程序的处理速率为 31Mb/s，功耗开销为 240mW；而在奔腾 Ⅲ 处理器上运行时，其处理速率为 648Mb/s，功耗开销为 41.4W。与 ASIC 芯片相比，后两者的性能 / 能耗效率（单位：Gb/s/W）差异分别达到 85 倍和 800 倍。一个更极端的情况是，以 Java 编写的同样算法，运行在嵌入式 SPARC 处理器上时，算法的执行速率仅为 450b/s，功耗开销为 120mW。与 ASIC 解决方案相比，其性能 / 能耗效率的差异达到 300 万倍。

近期文献［67］比较了更为复杂的应用程序中的性能差异。以 720p 高清 H.264 编码器算法为例，将 Tensilica 可扩展 RISC 核[119] 的四核 CMP 系统作为处理器结构的比较基准。实验发现，相比基准 CMP 系统，优化后的 ASIC 性能可获得 250 倍提升，同时能耗降低为原来的 1/500。在基准 CMP 系统中加入 16 路宽度的单指令流多数据流（SIMD）执行单元后，可得到 10 倍的性能提升和 7 倍的能效提升。在此基础上进一步加入定制指令集，又可以使其性能和能效获得 1.4 倍的额外提升。即便如此，优化后 CMP 系统的能效依然仅为 ASIC 的 1/50。

ASIC 与通用处理器之间极大的能效差异是促使定制体系结构出现的根本原因，也是本书关注的重点。特别是 ASIC 专用片上加速器的使用，给芯片带来了显著的能效提升；同时，多核共享技术则使得加速器可以替代通用处理器进行更多的计算。正是由于这一原因，富加速器（accelerator-rich）的体系结构在近几年引发了极大的关注[26, 28, 89]。有关这类体系机构的具体问题将在第 4 章中介绍。

加速器的使用同时也伴随着两个问题，即利用率低和工作范围受限。不过，基于前面提到的"利用率墙"[128] 和"暗硅"现象[51]，加速器的利用率低下已经不再是棘手的问题。在未来技术时代，由于受到功耗和散热的限制，片上计算资源仅有一小部分可以同时工作。因此，在芯片中引入多个加速器是很好的解决方案，原因在于这些加速器中的一部分有可能在任一给定时间内是闲置的。相较于通用芯片，加速器的引入可以使能效获得一到两个数量级的提升。

　　引入可重构性（reconfigurability）并利用可整合的（composable）加速器可以解决适用范围过窄的问题。例如，细粒度层次上可以用现场可编程门阵列（FPGA）；粗粒度层次上可以用可重构阵列[61, 62, 91, 94, 118]，或者动态组合加速器模块[26, 27]。这些方法将会在 4.4 节中详细说明。

　　鉴于加速器突出的能效优势及其不断拓宽的适用领域，我们越来越相信，未来的处理器架构将会更多地使用加速器来替代通用处理器。从某种意义上来说，富加速器的体系结构类似于人脑。人脑具有很多特殊的神经微电路（加速器），每一个微电路都有特定功能（例如导航、语音、视觉等）。人脑的高度定制特性极大地提升了工作效率——可以仅消耗 20W 的能量实现高复杂度的认知功能。这一结构的相似性给计算机体系结构研究带来了新的启发，也提出新的挑战。

　　不仅是计算引擎，存储系统和片上互连也可以定制。例如，在使用通用高速缓存的同时，还可以使用编程管理的或者加速器管理的缓存（或便签式存储器）。为了更灵活地划分这两类不同特性的片上存储，需要引入定制。存储定制将在第 5 章介绍。相应的，以加速器和存储系统之间的定制电路交换拓扑结构替代通用的基于网格的片上网络（NoC）往往更有利于数据包交换。定制片上互连将在第 6 章介绍。

　　本书的余下内容组织如下。第 2 章介绍了定制在计算中的发展历程。第 3 章介绍定制的计算芯片，例如定制的指令。松耦合的计算引擎将在第 4 章介绍。第 5 章主要讨论存储系统的定制。第 6 章讨论定制的片上互连设计。最后第 7 章总结全书，同时探讨业界发展趋势和未来研究主题。

Customizable Computing

第 2 章

路 线 图

定制计算主要通过对特定应用领域的硬件进行专用化设计实现，同时为了充分利用专用化的硬件，也需要设计相应的软件模块。本节将介绍定制计算相关基础知识，列举一些设计的权衡并定义相关专业术语。

2.1 可定制的片上系统设计

为了有效地支持定制计算，我们需要将现在广泛应用的通用片上多处理器（Chip MultiProcessor，CMP）替换为一个可定制片上系统（Customizable System-on-a-Chip，CSoC），论文［39］也称此片上系统为可定制异构平台（Customizable Heterogeneous Platform，CHP）。该异构平台可以通过对四个主要部件进行专用化设计来为特定的应用领域提供定制化服务，这四个部件分别是：处理器核，加速器和协处理器，片上存储部件，连接各部件的片上互连网络。接下来，我们将分别对上述四个部件以及与其配套的其他可定制片上系统部件进行详细探讨。

2.1.1 计算资源

计算部件（如处理器核心）是可定制片上系统中真正进行数据处理的模块，具有非常广泛的设计选择。事实上，当我们聚焦于计算部件的可定制设计时，仅仅需要考虑以下三个相互独立的要素：

- 可编程性
- 专用性
- 可重构性

可编程性

固定功能的计算单元仅仅能够对到来的数据进行单一操作。

例如，一个专门为快速傅里叶变换（Fast Fourier Transformation，FFT）设计的计算单元对所有到来的数据只能做快速傅里叶变换处理。计算单元缺乏灵活性虽然会限制其利用范围，但是大大简化了单元设计，从而可以针对特定任务进行高度优化。例如，计算单元中数据通路所用位宽以及所包含的算术运算符的类型，可以根据接下来所执行特定操作的要求进行精确调整。

与固定功能的计算单元不同，可编程的计算单元通过执行指令序列来定义要执行的任务。指令集架构（Instruction Set Architecture，ISA）由可编程计算单元可理解的所有指令构成，是使用可编程计算单元的接口。调用可编程计算单元的软件由一些指令组成——通常是从 ISA 中选出的表达性最强的指令组合，它们描述了在可编程计算单元中期望执行操作的特点。可编程计算单元的硬件部分可以利用比固定功能计算单元更加灵活的数据通路来处理这些指令。与固定功能的设计相比，虽然取指、译码以及指令顺序化等操作会带来性能和功耗上的额外开销，但是可编程计算单元能够执行不同的指令序列，从而实现比固定功能流水线更广泛的功能。

在固定计算单元和可编程计算单元之间存在广泛的设计选择。例如，可编程计算单元包含的指令数目可以有很大跨度。可以将固定功能的计算单元看作仅有单条隐含指令（如执行一种 FFT 操作）的可编程计算单元。计算单元支持的指令越多，表达期望功能所需的软件中的指令就越密集；计算单元支持的指令越少，实现这些指令所需的硬件就越简单，同时实现优化和精细化的可能性也越大。因此，计算单元的可编程性描述的是通过一系列指令来控制其操作的程度，从完全不需要指令的固定功能计算单元到需要大量指令的复杂的、富有表达性的可编程设计。

专用性

定制计算针对特定领域内有限的一组应用程序和算法进行优化，目的是提高计算性能并减少功耗需求。计算部件为特定领域进行定制的程度表征了该部件的专用性。硬件设计师可以从众多不同方面进行专用化处理：从计算单元的数据通路位宽，到功能单元的种类，再到片上高速缓存的大小，等等。

与试图覆盖所有应用的通用设计不同，专用设计为特定应用领域提供定制体系结构。尽管通用设计中也可能会用到目标性能套件中的某组基准程序，但是其本意不是针对这些基准程序进行优化，而仅仅是利用这个套件对其性能进行简单评估。

专用设计和通用设计之间也存在广泛的设计选择。可以将通用设计看作面向所有应用领域的专用设计。在某些情况下，通用设计更具成本优势，因为其可以尽可能地复用某一设计，从而摊薄设计时间，例如，一个逻辑运算单元（Arithmetic and Logic Unit，ALU）设计完成后，各种各样的计算单元都可以使用该设计来摊销 ALU 的设计成本。

可重构性

设计实现之后，后续可根据需求及时进一步调整定制硬件设计，以适应数据使用模式的变化、算法的改变或改进，以及应用领域的扩展或非预期的使用。例如，计算单元可能已经针对 FFT 的一种特定算法进行了优化，但新的 FFT 算法可能会运算得更快。在流片之后依然可以被灵活调整的硬件被称为"可重构硬件"（reconfigurable hardware）。硬件可以被重构的程度取决于重构的粒度，越细的重构粒度灵活性越大。但是相比于静态（即不可重构）设计，可重构设计也会造成性能下降和能效降低等额外开销。细粒度可重构平台的一个典型示例是可编程逻辑门阵列（Field-Programmable Gate Array，FPGA），通过各层次的专用化设计，可以用来实现各种不同的计算单元，从固定功能到可编程单元。但是同一个计算单元的 FPGA 实现要比该单元的专用集成电路（Application Specific Integrated Circuit，ASIC）实现效率低。不过，ASIC 实现是静态的，即在流片之后无法进行调整。我们将在 4.4 节中探索可重构计算单元更粗粒度的新型重构方案。

典型示例

- 加速器——早期的 GPU，MPEG/MEDIA 解码器，加解密加速器。
- 可编程处理核——现代 GPU，通用处理核，专用处理器（ASIP）。
- 未来设计可能赋予加速器的主要角色是负责计算。
- 可编程的核或可编程的结构仍会被集成到系统中来提高通用性或延长服役时间。

为了更好地讨论这些部件设计空间的多样性，我们将计算部件分成两章来介绍。第 3 章介绍处理器核的定制，第 4 章介绍协处理器和加速器。

2.1.2　片上存储层次结构

芯片基本都会受到引脚数量的限制，这将影响所能提供给计算单元的数据带宽；而内存（Dynamic Random Access Memory，DRAM）扩展受限会进一步加剧这一影响。片上存储器是缓解这一情况的有效技术。片上存储器有多种使用方式，包括缓存来自片外的数据流以及缓存在计算单元中多次使用的数据。此外，不同的应用程序对片上存储器的需求也不一样。与计算单元相似，在进行存储器层次结构设计时，硬件架构师也需要考虑各种各样的设计选择。

对软件透明

虽然高速缓存的容量相对较小，但它的存取速度非常快，因此可以利用局部性原则来降低内存的访问延迟，将后续可能使用的数据暂时保存到片上缓存区中，以避免对长延迟内存的访问。通常有两种高速缓存的管理方法（即确定哪些数据要暂存到缓存中，哪些数据要从缓存中移除）：单一的硬件方法和软件管理方法。在本书中，我们将使用便签式存储器（scratchpad）来指代基于软件管理的片上高速缓存，它通过对特殊指令的编写者或者编译显式地管理数据的存入和移除。硬件高速缓存区被称为高速缓存（cache），它通过实际的控制电路来管理数据移动，而不需要软件进行干预。由于便签式存储器的管理可以根据具体的应用进行调整，所以该类缓存区在特定应用的定制方面具有巨大的潜力。但随之产生的巨大编码开销，则要求程序编写者和编译器设计者必须显式地管理数据映射。与之相比，传统的高速缓存具有更高的灵活性，因为它可以处理更广泛的应用程序而不需要显式的数据管理，并且能够更好地适应一些由于数据存取模式不确定而需要进行动态调整的情况。

共享

片上存储器可以私有地被某一特定计算单元所使用，也可以被多个计算单元共享。私有的片上存储器意味着该应用程序不需要与其他应用程序争夺存储空间，可以充分独享片上存储器。共享片上存储器可以通过多个共享的计算单元来摊销其成本，并且与存储空间在计算单元之间被划分为私有存储器的情形相比，可

以为计算单元提供一个潜在的更大的片上存储空间池。例如，4 个
计算单元各自拥有 1MB 的私有片上存储，无论其他计算单元对存
储空间的需求如何，每一个计算单元总是独享其 1MB 的私有片上
存储。然而，如果 4 个计算单元共享 4MB 的片上存储器，并且各
计算单元使用的存储器空间大小也不尽相同，那么，某一个计算
单元有时候可能会使用超过 1MB 的存储器空间。这是因为每一计
算单元都有权去访问整个（4MB）存储器空间。当计算单元在不同
时刻使用不同容量的存储空间时，共享的工作方式性能尤为出色。
当多个计算单元使用存储器空间中的相同位置时，共享方式也是
非常有效的。例如，当多个计算单元并行地对一幅图像进行处理
时，如果将该图像存储在计算单元间的共享存储器中，计算单元
就可以更有效地在此共享数据上进行协作处理。

2.1.3　片上网络

引入片上存储器后，计算单元所需要的数据可以暂存在片
上存储器中。为了实现计算单元与片上存储器之间高效的数据交
互，就不得不提到可定制片上系统（CSoC）中另一非常重要的模
块——通信基础设施。通信基础设施主要负责：1）将存储在片
上存储器中的数据分配到计算单元中，2）将数据从片外存储器
接口读取到片上存储器中或从片上存储器中读取数据并存向片外
存储器接口，3）实现计算单元之间的数据同步和数据交互。大
多数应用都存在大量的数据需要传输给用来加速运算的计算单
元。此外，由于采用多个计算单元来最大化数据层次的并行性，
可定制片上系统周围往往有多个数据流同时进行通信。这些需
求已经超出了传统的基于总线的多处理器核设计范畴，为此，设
计者开始转向片上网络（Network-on-Chip，NoC）设计。片上网
络的设计方法可以支持整个可定制片上系统各部件间更多的数据
通信。

　　各部件与片上网络相连的接口通常将需要传输的数据封装到一个数据包中，该数据包至少包含所要通信的目的地址和要传输的有效负载等信息，此信息也作为数据的一部分被传递到特定目的地。通过利用数据包传递信息，片上网络可以提供更加灵活和可靠的数据传输——数据包可以缓存在网络中间节点，在某些情况下也可以重新排序。在基于数据包的通信中，每一跳多采用的是局部仲裁方式，该方式有效避免了在芯片全局范围内由于单跳仲裁引起的长延时问题。

　　片上网络的创建会涉及一系列的设计决策，这些决策通常针对特定领域中的一组应用程序进行高度定制。大部分的设计决策会影响整个片上网络的延时和带宽。其中，片上网络延时是指给定一段数据通过片上网络所需的时间；片上网络的带宽是指在给定时间内网络中可以传送的数据量。较低的延时对于同步通信来说尤为重要，比如对应用程序中多个计算线程造成影响的锁或障碍。而更高带宽则对于流计算（即具有较低的数据局部性）类应用来说更为重要。

　　设计决策的一个例子是片上网络拓扑结构，即片上网络中部件间的链接方式。一个简单拓扑结构的例子是环形结构，即该网络中的每个部件都与其相邻的两个部件进行连接以形成一个链。更加复杂的通信方式支持更多并行通信并且可以缩短部件间的通信距离，这可以通过更高级的拓扑方式来实现。

　　另一个设计决策的例子是拓扑中单条链路的带宽——单网络时钟周期内信号横贯的连线数目。虽然较多的连线可以提高其带宽，但中间网络节点需要更多的缓冲空间，会大大增加功耗。

　　在进行片上网络设计时通常要考虑其期望的使用率，根据预期的服务水平确定诸如拓扑结构或链路带宽等设计。例如，片上网络可能考虑最坏情况的行为进行设计，即单条链路的带宽按最高通信量的要求设置，从而使得网络中的每个路径都能够满足峰值带宽要求。这是一种灵活的设计，因为最坏情况的行为可能会出现在片上网络的任何路径上，此时每条路径都有足够的带宽进行处理。但是，当最坏情况的行为很罕见地或者较稀疏地（出现在少数特定链路中）出现在网络中时，这种策略变成了一种"过度设计"。换句话说，大多数情况下，大带宽的部件意味着浪费功耗（即使只有静态功耗）或面积。片上网络也可以根据平均情况的行为来设计，其中带宽根据平均流量的要求设置，但是在这种情况下，当最坏情况的行为出现时，网络通信性能会下降。

拓扑结构的定制

定制设计可以根据特定领域中应用程序所需的通信模式对片上网络中的各个部件进行专用化设计。例如，架构师可能会在内存接口与执行负载均衡和排序的计算部件之间配置高链接带宽，而在执行负载均衡的计算部件和余下真正运算（即计算任务）的计算部件之间配置较低的链接带宽。更复杂的设计可以动态调整带宽来适应应用程序在执行过程中的需求。定制设计还可以改变片上网络的拓扑来适应应用程序在执行过程中的特定需求。6.2 节中将对这种灵活的设计进行介绍，并探讨 NoC 在为特定通信模式进行专用化设计时所带来的实现复杂度。

路由的定制

另一个专用化的方法是改变片上网络中数据包的路由方式。例如，可以通过使用多种数据包调度方式来避免片上网络数据阻塞。另一个例子是电路交换，即在片上网络中为一次特殊通信保留一条专门的链路，链路中的数据包无需经过中间仲裁便可快速地通过整个片上网络。这在突发通信中是非常有用的，其中仲裁的开销可以通过传输大量的数据包而摊销。

物理设计的定制

有些设计会利用不同类型的连接线（即不同的物理设计选择）来提供一个具有专用通信链路的异构片上网络。同时，一些具有良好性能的新型互连材料不断应用在片上网络设计中。这些新型的互连材料通常在提高连接带宽并降低通信延时的同时，也会带来一些额外开销（如为使用新型互连材料，需要对模拟信号进行增频变换）。虽然这些互连材料存在许多物理设计和架构设计上的挑战，但是也提供了许多可供定制计算所用的有趣的选择，我们将在 6.4 节中对其进行讨论。

2.2 软件层

定制计算是包含硬件定制和软件编写的整体过程。应用程序编写者（即领域专家）可能对应用程序有着很深入的了解，但基于传统的编程语言很难或者根本无法表达。比如，数据范围或者容错能力等信息。软件层应该为编程者提供有足够表达能力的编程语言，使其成为应用领域专业知识与硬件交互的桥梁，从而进一步定制专用硬件的具体使用方式。

针对专用硬件的编程方法很多，其中一个通用方法是在应用程序编写者和专用硬件之间创建很多抽象层。程序的编写者用一种相对高级的语言对应用程序进行编写，此语言具有足够的表达能力，可以反映一些特定领域的信息。高级语言尽可能用一些基于低层次抽象实现的库例程来描述任务。库例程可进一步通过更低层次的抽象来实现，以此类推分解下去，最终分解到一组可以直接操纵专用硬件的元语。例如，库例程可以利用专为 FFT 设计的硬件加速器来实现 FFT 运算。这一方式不仅为高级别的应用程序代码提供了可移植性，同时仍然支持直接利用定制硬件的低层次抽象级实现专用化设计，这也为应用程序编写者隐藏了定制硬件的复杂度。

另一个问题是软件到硬件的自动映射。编译器可以通过智能算法实现高层次代码到定制硬件的映射，这些智能算法能够对代码进行转换并根据编程者提供的应用程序的特殊信息实现映射。自动化也是用于发现库例程尚未覆盖代码加速机会的一个有力工具。

Customizable Computing

第 3 章

处理器核的定制

3.1　引言

　　由于现代处理器的能耗大部分来源于处理器核，因此在进行
计算引擎定制时，传统的处理器核成为首要考虑对象。处理器核
非常普遍，其体系结构和编译流程也已成熟。因此，对处理器核
进行改动具有这样的优点：可以利用现有构建高效能和高性能处
理器的硬件模块和基础设施，而不需要像在自底向上设计硬件的
过程中那样放弃现有软件栈。另外，作为学习基于常规处理器核
的新技术的基础，程序员可以利用常规处理器核的编程知识，而
不必采用新的编程范例或编程语言。

　　除了受益于成熟的软件栈以外，对常规处理器核的改动还可
以利用许多能够提升处理器核效率的架构组件，包括高速缓存、
乱序调度和推测执行以及软件调度的机制等。将改动直接集成到
处理器核中，就可以融入这些组件的功能。例如，向现有执行流
水线中添加新的指令，会自动使该指令受益于常规处理器核中高
效的指令调度机制。

　　然而，直接将新的计算能力（例如新的算术单元）引入现有的
处理器核会受到很多限制，这些限制是现有处理器核已经施加在
算术单元设计上的。例如，短时延指令能够显著提升乱序处理的
效率，而长时延指令则可能导致流水线阻塞。常规处理器核在性
能和效率方面也受到基础架构的约束。因此，常规的处理器核在
执行特定任务时的效率不如专用的硬件结构[26]。图 3-1 说明了这
一点，该图表明，执行指令的能耗成本远远大于执行算术计算（比
如用于整数和浮点运算的能耗）。剩余的能耗用于实现处理器核中
的内部基础设施，从而可以完成执行调度指令、取指和解码、提
取指令级并行等任务。图 3-1 只显示了处理器核的内部结构之间的
比较，而没有将内存系统和网络等外部组件包括在内。这些外部

组件曾经是常规处理器为提升通用性和可编程性所付出的架构成本。图 3-2 显示了针对特定应用定制计算引擎的能耗节省情况。相较于前者，图 3-2 所示的能耗比例中用于计算的能耗大幅降低。造成这一现象的原因是，针对特定应用定制的计算引擎往往更注重每个计算的能效，因此可以放宽功能单元的设计要求，比如降低功能单元的精度，从而大幅降低计算能耗。此外，与常规处理器核相比，定制的计算引擎一般能够容忍更长的流水线级数和更长的时延。

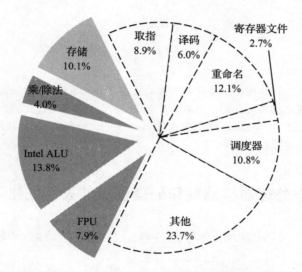

图 3-1　传统计算核中子部件的能量消耗占核总能量消耗的比例。图中虚线框部分的子部件并不是计算必需的（即它们仅是体系结构成本的一部分，包括提取并行、取指和译码、调度、独立性检查等）。结果取自 Nehalem 时代的 4 核 Intel Xeon 处理器。存储仅包括一级高速缓存。摘自 [26]

本章涵盖以下与处理器核的定制有关的主题：

- **动态处理器核缩放和去特征化**：这是一种硅后方法，可以选择性地停用未充分利用的部件，以达到节省能耗的目的。
- **处理器核融合**：使一个"大核"能够像真正的许多"小核"一样工作的体系结构，反之亦然，可以动态适应不同数量的线程级或指令级的并行性。

● **定制的指令集扩展**：用特定工作负载中的新指令来增强处理
器核。

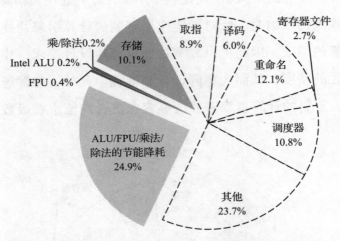

图 3-2   传统计算核中子部件的能量消耗占核总能量消耗的比例。如果计
算在能量优化后的 ASIC 上实现，将会使减少能量成为可能。结
果取自 Nehalem 时代的 4 核 Intel Xeon 处理器。存储仅包括一级
高速缓存。摘自［26］

3.2   动态处理器核缩放和处理器核"去特征化"

通用处理器的设计会考虑各种潜在的工作负载。而对于特定
的工作负载，处理器中的许多部件可能未被充分利用。这些部件
会增加功耗，但不会提升程序的性能。因此，为了提高能效，可
以添加支持选择性关闭未利用部件的架构特征。显然，想要重新
利用这些已关闭部件占用的芯片面积是不现实的，但这一做法确
实能显著提升能效比。

尽管最初的目的不是提高能效，但这一类型的处理器核"去
特征化"已经被众多 CPU 制造商所采用。通行的做法是在处理器
核中引入特定机器的寄存器，用于指示特定部件是否激活。然而，
制造商最初引入这些寄存器的目的是通过这些寄存器来禁用处理
器中出故障的部件，以提高处理器的良率（yield）。因此，很难见

到这些专用寄存器的相关文档。

很多学术研究工作都专注于利用"去特征化"来构建动态的异构系统。这些工作的核心问题是确定程序何时进入具有如下特征的代码区域：从系统的角度来说，该代码区域未充分利用常规处理器核中的某些功能。例如，如果通过静态代码分析，可以发现代码区域中包含指令之间较长依赖关系的序列。那么显然地，若该代码区域运行在具有较宽的指令发射和取指令宽度的处理器上，则处理器将无法找到足够数量的不相关指令来有效地利用这些资源[4, 8, 19, 125]。在这种情况下，关闭那些用于支持宽指令发射和取指令的部件，同时开启对宽指令窗口的架构支持，就可以在不影响性能的情况下节省能耗。这一研究的前提条件是能够通过运行时监控[4, 8]或者静态分析[125]等工具来识别代码或运行时行为。

CoolFetch[125]是学术界动态资源扩展的一个例子。CoolFetch通过编译器来静态地估计代码区域的执行率，然后利用这一信息来动态地放大或缩小处理器的取指令和发射指令单元。通过限定代码区域中这些结构对指令级并行或乱序调度的使用，CoolFetch观察到一种结转效应（carry-over effect），该效应减少了在原本正常情况下并行运行的其他处理器结构的功耗。同时，CoolFetch还通过减少指令完结（retirement）时阻塞的指令数量，减少了花费在阻塞指令上的能耗。总的来说，CoolFetch能够以相对较小的架构修改代价以及可忽略的性能损失实现平均8%的能耗节省。

3.3 处理器核的融合

随着性能的提高，处理器核在单位面积上的能耗和计算的效率往往会降低。其主要原因是关注重点的转移，即从在小核场景下关注计算引擎的资源，转移到了在大核场景下追求更为高效的调度机制。在现代乱序处理器中，用于支持这种调度机制的部件占据了绝大部分的处理器核面积，也消耗了绝大部分的能耗。

显然，复杂的大型处理器核并不适合在系统中使用，因为相对于一小组强处理器核来说，海量的弱处理器核可以提供更大的系统吞吐量潜力。然而，这一推论的问题在于并行化软件相当困难：并行代码容易出现例如竞争条件（race condition）这样的错误，即很多算法受限于难以并行化的串行执行部件。也就是说，有些代码根本无法合理地并行化。事实上，大多数软件根本就不是并行化的，因此不能使用大量的处理器核。在这些情况下，单个强大的处理器核是可取的，因为它提供了更高的单线程吞吐量，而代价是限制了利用线程级并行的能力。根据这一观察可以得到如下启示：最优设计取决于软件中提供的线程数量。大量的线程可以在大量处理器核上运行，从而实现更高的系统吞吐量；而少量的线程也许更适合运行在几个强大的处理器核上，因为对这种线程而言，即便有多个处理器核也无法利用。

基于这一观察，一系列的学术研究探索了由一小组高性能处理器核（通常每个核的面积大，功耗大）和一大组高效能处理器核（通常每个核的面积小，功耗低）组成的异构系统[64, 71, 84]。除了对异构系统的众多学术观点之外，工业界也开始采用这一趋势，例如 ARM 公司的 big.LITTLE 架构[64]。虽然这些设计十分具有创新性，但它们仍然静态分配计算资源，因此不能对软件的并行度变化做出调整。为了解决这一问题，处理器核融合[74]和其他相关工作[31, 108, 115, 123]提出了用弱处理器核集合协作来实现强大处理器核的机制。这些机制允许系统缩放，以使系统中的"处理器核"数量与线程数量相同。每个"处理器核"都按照系统中当前的并行度进行扩展以实现性能最大化。

处理器核融合[74]是通过将处理器核拆分成两部分来实现的：一个是窄发射宽度的常规处理器核，该处理器核的取指引擎被剥离；另一个是充当模块化的取指／译码／提交部件的额外部件。这一额外部件或单独地为每个处理器核执行取指指令，或统一地给所有处理器核提供指令。与一个行缓冲区（line buffer）一次性读取多条指令的方式类似，其宽读取引擎将读取整个指令块，并将它们发送给不同的处理器核。译码和资源重命名也是统一进行的，寄存器物理上分布在不同的处理器核中。添加一个交叉开关以便在必要时将寄存器的值从一个处理器核发送到另一个处理器核。在流水线结束时，引入了归序（reordering）步骤以保证指令能够正确提交以及进行异常处理。图 3-3 显示了其架构图。在这个架构中增加了两个额外的指令，以允许操作系统合并和拆分处理器核集合，从而调整可用于调度的虚拟处理器核的数量。

如图 3-4 所示，经过融合的处理器核性能仅略差于具有相同发射宽度的传统处理器，在同等发射宽度的条件下，其性能与一体化处理器的性能差距在 20% 以内。这一性能损失的主要原因是支持处理器核融合的基础设施带来的性能成本。然而，经过融合的处理器核的优势在于其适应性，而不体现在性能上。因为若要追求性能，人们会选择为特定软件配置而设计专用处理器。此外，当没有进行核融合时，支撑乱序调度所需的部件不需要激活，因此也不会消耗功耗。综上，处理器核融合将一部分芯片面积用于实现乱序调度器，并且在进行处理器核融合以模拟更大核时将损失约 20% 的性能。基于这一结论，可以启用核的宽度和数量在运行时的定制，并且可以用二进制兼容的方式实现，从而达到完全透明。对于不具备工作负载类型的先验知识的系统，或可支持软件在串行和并行部分之间转换的系统，调整并适应不同工作负载的能力是非常有益的。

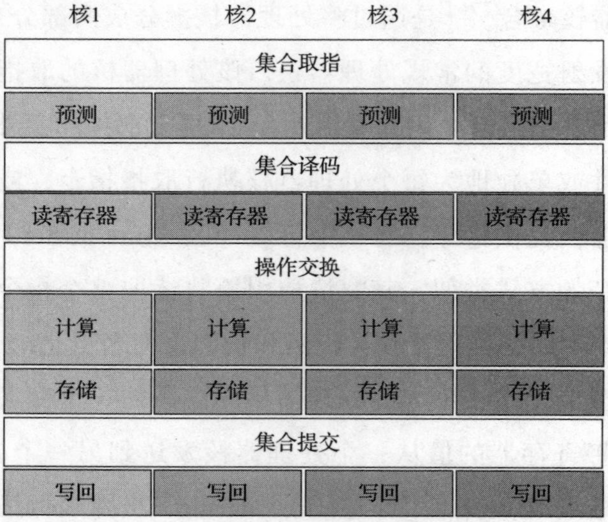

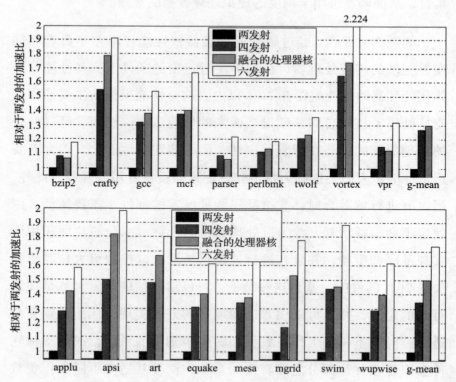

图 3-3　四核融合处理器核的处理器包，添加了可支持核融
合的部件。摘自［74］

图 3-4　多处理器在不同发射宽度以及六发射混合的融合
处理器核之间的性能对比。摘自［74］

3.4 定制指令集扩展

在常规的通用处理器设计中，每次执行指令都必须经过处理器流水线的多个阶段。流水线的每个阶段都会产生成本，其成本取决于处理器的类型。图 3-1 显示了处理器流水线各个阶段的能耗。就应用程序的核心计算需求而言，执行阶段的能耗包括进行高效计算工作的能耗，以及其他与支持和加速在特定架构上处理通用指令相关的能耗（即取指令、重命名、指令窗口分配，唤醒和选择逻辑）。执行阶段仅占用很小一部分能耗的原因是，对于大多数指令而言，每条指令只执行少量的工作。

为增加每个指令完成的工作量，扩展常规计算核的指令集是提高特定任务的性能和能效的一种方式。这是通过将本来由多条指令执行的任务合并到一条指令中来完成的。由于这个单一的大指令仍然只需要通过一次读取、译码和提交阶段，因此只需要更少的簿记（bookkeeping）数量就可以执行相同的任务，可见进行指令集扩展很有价值。除了减少与处理指令相关的开销之外，指令集扩展还允许通过访问定制计算引擎以更高效的方式实现这些组合操作。

指令集定制的策略可以非常简单（例如文献 [6，95，111]），也可以非常复杂（例如文献 [63，66]）。目前，商用处理器普遍使用简单且高效的专用向量指令形式：SSE 和 AVX 指令。3.4.1 节深入探讨向量指令，它允许简单的操作（主要是浮点操作）被打包成单个指令，并且可以同时操作大量数据。虽然这些向量指令仅限于在规则、计算密集的代码中使用，但是由于显著的性能优势，处理器制造商正在继续推动更多功能丰富的向量扩展[55]。

除向量指令外，工业界[95]和学术界[63]也提出了将多个操作

联系在一起的计算引擎，这个引擎对单一数据元素进行处理。3.4.2
节将探讨这些定制的计算引擎，与向量指令不同的是，它们描述
了一小组数据上的一组操作，而不是一大组数据的单一操作。因
此，定制的计算引擎可以更紧密地绑定到常规处理器核的关键路
径上[136]。

虽然专用的计算引擎为芯片设计人员提供了设计最优引擎的
机会，但它们缺乏灵活性，因此容易导致低利用率。这促进了可
编程指令集扩展方面的工作[63]。可配置的定制指令被实现为可编
程的数据通路，并与保存数据通路配置的一部分存储器相连。这
些可编程扩展请详见 3.4.3 节。

3.4.1　向量指令

为了实现指令集定制，一种在概念上简单但非常有效的途径
是引入向量指令，也称为单指令多数据流（SIMD）指令。这些指
令对多个数据执行单一的基本操作。向量指令的引入需要两个体
系结构组件的支持：1）一组新的寄存器，用于存储参数的向量以
作为向量指令的参数；2）一组计算引擎，用于执行向量指令的并
行计算。

向量计算和向量指令的概念是一个古老的话题。尽管如此，
还是有很多与之相关的有意义的研究不断涌现，这是因为向量指
令在使用很少的指令进行大量计算时非常有效。向量指令也用在
了几乎所有商用处理器上。在消费级处理器领域占据主流的 x86
和 x86-64 处理器中，向量指令以 SSE 指令[111]和 AVX 指令[55]
的形式出现。这些指令在 4 ～ 16 个元素的小向量上运行，主要用于
执行浮点运算。学术界在向量处理方面已经做了大量的工作[5, 52, 68]，
与商用处理器中的向量指令相比，学术界关注的向量尺寸要大

得多，例如在 Tarantula 架构[52] 中使用的是具有 512 个元素的向量。

　　为了进一步提高性能，许多向量架构都采用基于通道的设计，即多个小型计算引擎和寄存器元素并行参与计算。每个通道由一组计算引擎以及与向量元素的子集对应的寄存器组的一部分组成。图 3-5 展示了这个设计。每个引擎计算整个计算负载的一个子集，并且多个引擎同时运行。发出一条向量指令，意味着一次性发出到所有通道的指令，即便重命名和依赖关系跟踪可以按每个向量而不是每个元素执行。增加通道数量可以减少由单个引擎执行的工作，从而提高性能，而较少通道数量能够缩减面积，但会造成性能损失。理想的通道数目通常取决于可用的存储器带宽，因为仍然需要加载和存储向量数据，并且提高计算能力会最终导致存储器阻塞的增加。

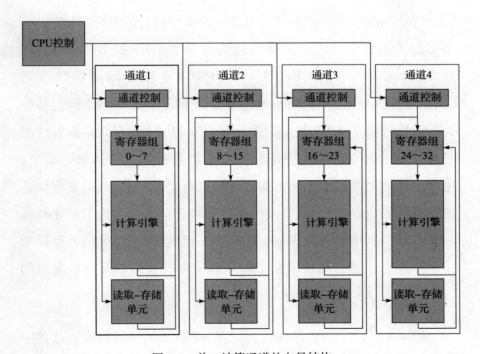

图 3-5　单一计算通道的向量结构

3.4.2　定制计算引擎

扩展指令集的另一种形式是引入复合指令：将单个数据集上的多个基本操作合并成单个指令。在商用处理器中常见的一个例子是将浮点乘法和加法合并到单个指令中，称为融合的乘累加[95]，这也是线性代数应用中的常见计算模式。

在设计处理器时引入自定义指令这一任务在架构实现上相对简单。大多数学术研究的重点已经集中在识别应该包含哪些定制计算引擎，或者作为指令扩展（例如文献 [2，24，25，136]），或者作为改善程序代码到定制指令映射的编译策略（例如文献 [25]）。虽然这些计算引擎不一定是可重构的，但是它们是为一系列应用程序而定制的。

3.4.3　可重构指令集

可重构的指令集体系结构允许程序编写自己的指令[63,66]。一个可配置的自定义指令集体系结构的例子是 BERET[66]。图 3-6 和图 3-7 显示了 BERET 的架构，BERET 是循环跟踪捆绑执行（Bundled Execution of Recurring Trace）的缩写。这一结构包括称为子图执行块（SEB）的可编程计算引擎和用于保存跟踪配置的配置存储器。每个跟踪配置都包含一小组紧密编排的预解码指令。用户程序使用两条指令与可配置指令进行交互：1）对配置存储器进行编程的命令；2）用于调用已存储轨迹的命令。为了简化与核心流水线的其他部分的集成，BERET 引擎被限制在可用寄存器的一个子集上工作，从而限制了输入和输出的数量以及直接发出的内存访问。

图 3-8 显示了将程序转换为使用 BERET 引擎的过程，这是一个在编译时静态执行的过程。一个程序首先被分成"热码"和"冷

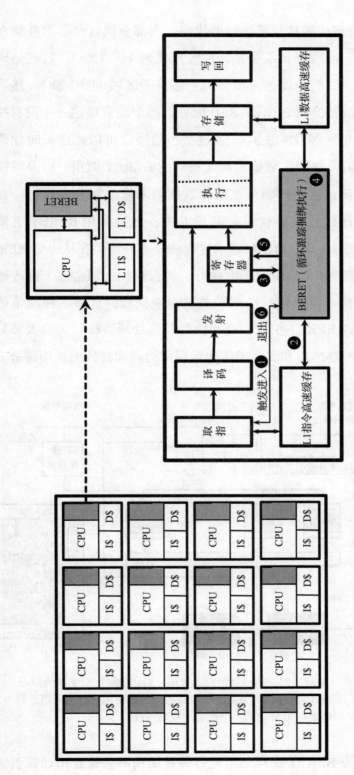

图 3-6　BERET 模块与处理器流水线的结合。摘自 [66]

码"，热码指一些被频繁执行的代码，大部分执行时间都耗费在热码执行上，而冷码是很少执行的大量代码（图 3-8a）。这些热码区域按照基本块的粒度进一步分解为通信子区域（图 3-8b）。然后这些子区域被转换成 BERET SEB 配置，每个配置描述一个没有控制依赖性的小程序段（图 3-8c），这些小程序段可以在运行时加载和调用。然后，热码区域被表示成独立的 BERET 调用，以及可能存在的控制流，这些控制流在处理器核的未修改部分内执行。在运行时，这些配置被加载到 SEB 单元中，通过调用 BERET 引擎执行热码（图 3-8d）。像依赖需求这样的任务只需要在从一个 BERET 调用转换到另一个 BERET 时执行，并且可以由通常在未修改的处理器核内执行指令依赖性跟踪的机制来执行。这是一种简单的架构，它允许 BERET 引擎执行与执行计算处理器核相关的大部分工作，并将控制结构和内存操作的管理留给处理器核的通用部分。

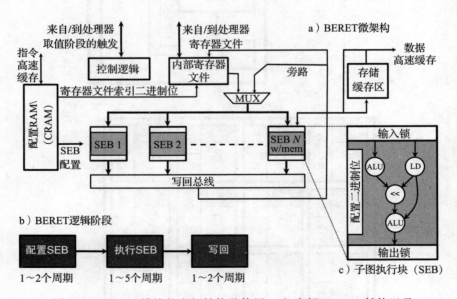

图 3-7 BERET 模块的内部结构及使用。a）内部 BERET 结构以及 SEB 通信机制。b）BERET 在不同阶段调用的近似开销。c）存储在 SEB 内的一个配置。摘自 [66]

尽管像 BERET 这样的可配置体系结构不会像专用计算引擎那

样有效或快速地执行特定的功能，但引擎的可配置特性保证了在执行热码时的高利用率，并且不限于特定类型的操作。它还实现了定制指令集的主要目标——允许资源利用进一步向流水线的执行阶段倾斜并且远离其他阶段，并且增加了每个指令执行的工作量。

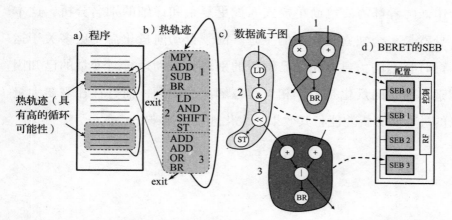

图 3-8　将软件映射为 BERET 模块的程序转换过程。首先把一个热区域分为组块，每一个组块另存为一个 SEB 配置。核的依赖性跟踪用于 SEB 之间活动性的调度。摘自〔66〕

3.4.4　编译器对定制指令的支持

协助使用定制指令的编译器技术大致分为两类：1）在数据流图中进行模式匹配以映射定制计算引擎[2, 24, 25, 136]；2）循环分析从而自动执行向量指令[49, 50, 82]。

在处理器核上进行模式匹配涉及解一个子图同构问题[44]，已经证明这是 NP 完全问题。尽管如此，依然有很多的工作致力于使这个过程对小模式易于处理[25]，这些工作在实践中针对模式匹配的可行性做了大量工作。定制指令设计倾向于将注意力集中在小模式上，通常在 2 ～ 10 条指令的级别上，目的是增加利用率并使模式匹配的任务成为可能。模式匹配也很有吸引力，因为它在很多情况下具有良好的局部优化特性，而不需要任何复杂的支持分析。编译器作者可以简单地在任意程序区域上应用模式匹配例程。

自动向量化的过程是一个更为复杂的话题，也已经被广泛研究了数十年[49, 50, 82]。向量化主要关注循环边界分析和数据布局操作，两者都需要比简单模式匹配更复杂和详细的别名分析，这本身就是一个独立且复杂的主题。由于自动向量化需要更多关于运行时状态的信息，比如已解析的别名分析和运行时变量的已知因素，因此向量化是一个相对难以解决的问题，而且往往需要大量的进程间分析才能将其效果最大化地发挥出来。

Customizable Computing

第 4 章

松耦合计算引擎

4.1　引言

第 3 章讨论了传统核上的可定制计算资源。例如，增加硬件使处理器支持定制指令。这一章关注的定制硬件并非仅仅绑定在一个特定的核上。相反，这些硬件加速器将主要用于减轻传统核的计算负担，并以更高效的方式完成计算。加速器间通过共享多核多线程环境来分摊特定硬件的计算开销。这些不同的计算资源间可能是异步的，形成一组异构计算资源，不同的异构资源独立执行程序的不同部分。在这种情况下，程序不再是由离散命令构成的单一逻辑流，而是由特定硬件实现的不同任务间的流水协作。

从传统模式转换为这种新的计算模式利弊皆有。一旦阻碍了计算的执行，独立的引擎将会绕过某些部件，虽然这些部件可能会对传统核有利。例如，用于流式计算的加速器会绕过缓存。如果计算引擎与处理器流水线不相关，长时延不会造成很大影响；如果计算引擎能容忍存储访问造成的长时延，就不再需要缓存预取。将传统处理器和加速器间计算任务分开的缺点是软件设计必须支持跨异构设备运行并容忍这些设备之间的异步通信。从软件的角度来看，这就要求软件设计成多线程。从硬件的角度来看，处理器核可以在需要时才调用加速器而不必与其完全绑定，这为设计不与处理器核绑定的专用计算引擎提供了良好的契机。

最终，功能专一与设计约束松弛可能提升性能和能效，加上对系统资源的分布式利用，使得传统核和专一功能加速器间的松耦合设计在计算密集型任务上具有明显优势。此外，加速器通常可以单独设计和测试，而不必重新设计和重新测试整个计算核。因此，松耦合计算引擎是一种提高计算性能和效率的极具吸引力的方法。

加速器有很多值得讨论的东西，但本章不会涉及 PCI 设备或其他的片外设备，也不包括传统的以片外设备形式引入系统的加速器。本章将主要集中在新兴研究上，而非那些已经普遍采用的方法。换言之，本章不会讨论图形处理单元（GPU）、GPU 是否会被集成到 CPU 等问题。这在很多书中都作为高性能计算平台和高能耗设备进行了详细讨论。此外，也不会讨论众多用于商用机器的 ASIC 微控制器，它们不会与以太网控制器、USB 控制器、传统磁盘控制器等软件交互。

本章将介绍与非核心加速器相关的下列主题：

- **松耦合加速器**：独立于处理器核运行的粗粒度加速器。
- **现场可编程硬件**：为通用性牺牲一些效率和性能的超细粒度可重构性。
- **粗粒度可重构阵列**：接近 ASIC 的性能和具有 FPGA 可重构性的组合加速器。

4.2　松耦合加速器

松耦合加速器（LCA）是与核交互但没有固定在核上的独立粗粒度计算引擎。LCA 可以在片上或片外，本节主要关注的是片上LCA。

无论在学术界[28, 112]还是工业界[58, 98]，加速器作为一种有效提高代码效率和性能的工具都得到了充分研究。LCA 没有物理邻接到一个特定处理器核，而是可以为系统中所有核心所共享。这潜在地提高了计算引擎的利用率，也就是说，将空间分配给 LCA 能够提高空间利用率。然而，这种解耦的一个缺点是调用 LCA 会带来延迟。延迟的增加意味着 LCA 必须执行更多的计算来保证调用其进行计算是值得的。因此，LCA 一般会有一个简单的控制机制，使它们能够遍历大量数据，例如 DMA 引擎可被配置成大输入和输出缓冲。通过在计算引擎中引入一个小的控制结构，LCA 可以自主运行数千个周期，从而弥补启用造成的额外时间开销。

LCA 最大的缺点是使用 ASIC 方式实现，因此仅能实现固定的功能。这导致 LCA 被局限在这样一些实例，其运用的算法具备如下特征：1）算法足够成熟，在将来不太可能改变；2）算法很重要，有必要创建一个专门的处理器。虽然存在满足这些应用场景的工作任务，如 Web 服务器的加密和解密，但其工作负载很少达到值得设计专用处理器的量级。虽然处理器流片成本下降、相关工具有所进步，但在大多数情况下仍然很难从经济效益的角度上使商用处理器包含 LCA。

4.2.1　线速处理器

IBM 线速处理器（WSP）[58]是一种非常有影响力的平台，它的结构如图 4-1 所示，是一种含有 LCA 的处理器。它具有十分有趣的 LCA 架构：1）这项工作有明确的性能要求，传统的处理器一般无法达到；2）WSP 加速器被当作一个核心部分，而不是加速计算的无名装置。在 WSP 中，LCA 构成了一个库，用户基于特定领域加速计算的需求选择合适的 LCA，因此 WSP 并没有设计成通用硬件，而是在制造阶段具有高度定制的特点。加速器在运行时是固定配置的，但是用户可以根据运行在 WSP 上不同程序选择激活不同的 LCA。

从 WSP 的命名中不难看出，其设计主要强调高吞吐量，从而使得加速器性能远高于相同功能的软件。WSP 中的核为加速器之间提供控制机制。表 4-1 给出了 WSP 中 LCA 的目标吞吐量。

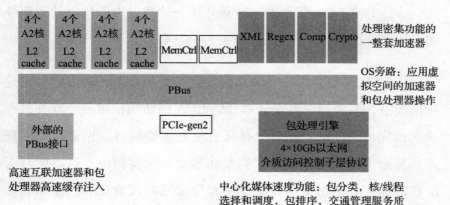

并行处理器的优化：
- 大线程池和每瓦特性能提升
- 优化的加速器和数据包处理器接口

图 4-1　WSP 处理器。摘自〔58〕

表 4-1　WSP 中含有的加速器性能[58]，其中实现的带宽是多引擎集合的情况。摘自〔58〕

加速器单元	功能	引擎号	平均吞吐量	峰值吞吐量
主机以太网适配器（HEA）	网络节点模式	4	40Gb/s	40Gb/s
	端点模式	4	40Gb/s	40Gb/s
压缩	压缩程序（输入带宽）	1	8Gb/s	16Gb/s
	解压缩程序（输出带宽）	1	8Gb/s	16Gb/s
加密	AES	3	41Gb/s	60Gb/s
	TDES	8	19Gb/s	60Gb/s
	ARC4	1	5.1Gb/s	60Gb/s
	Kasumi	1	5.9Gb/s	60Gb/s
	SHA	6	23~37Gb/s	60Gb/s
	MD5	6	31Gb/s	60Gb/s
	AES/SHA	3	19~31Gb/s	60Gb/s
	RSA & ECC(1024-bit)	3	45Gb/s	60Gb/s
可扩展表述语言（XML）	客户负载基准程序	4	10Gb/s	30Gb/s
		4	20Gb/s	30Gb/s
正则表达式	平均模式组	8	20~40Gb/s	70Gb/s

　　类似于 WSP 这样的架构是针对某一种或某一系列负载进行的高度定制。虽然 WSP 架构在这些特定的负载中性能和效率比传统处理器更好，但对于除此以外非定制的负载，WSP 架构与资源受限的传统处理器相比并没有多大差别。

4.2.2　硬件与软件的 LCA 管理比较

多核共享 LCA 需要加入仲裁开销，仲裁可由系统驱动或额外的专用硬件机制[28]来实现。这两种方法各有利弊。

将 LCA 交给软件设备驱动程序是一种传统的仲裁方式。在这种情况下，驱动程序将保证对任何 LCA 的访问仅由一个软件线程一次性完成。驱动程序可以是任意复杂度的软件，因而可以实现任意复杂度的调度策略。在调度非常重要的实例中，这可能具有潜在的作用。但由于与设备驱动程序交互的代价较大，使用驱动程序会增加调用加速器的成本。

使用一个专用硬件机制进行 LCA 交互或可以减少调用加速器引起的开销，但会限制调度算法的复杂度[28]。如果控制核与 LCA 之间的通信协议包含大量通信，那么减少开销将尤为重要。引入硬件机制还允许设备驱动程序提供保护，避免在用户空间代码中完全开放[28]，从而减少转换到特权执行模式的开销。

4.2.3　利用 LCA

在通用程序代码中使用 LCA 存在与 3.4.4 节相同的问题，只不过这里的模式更大。问题是相同的，因此能用相同的方法解决：解同形子图问题。但是，由于 LCA 通常包含大量操作，可能有着数以千计的指令，同形子图问题将会非常复杂。除此之外，LCA 构成的大图有许多不同的表示方式，自动找到 LCA 目标区域需要额外的程序来证明子图和 LCA 间的等价关系。总之，依靠编译器还无法有效地使用一个大型 LCA。

LCA 通常不依赖于编译器，而是依赖于提供给软件作者的 API。本节所引用和讨论的所有工作都采取了这种策略。此 API

提供了一个易与 LCA 交互的接口，也给出了所有 LCA 能够提供的特点。虽然使用此 API 要求程序针对的是特定的平台，但它允许程序员访问额外的计算资源，从而大幅度提高了性能和能效。这样做能够吸引程序员采用新的 API 并迁移到特定的 LCA 平台上，但缺乏有效的支持 LCA 调度的编译器会阻碍其发展。

4.3 现场可编程门阵列实现的加速器

上节中讨论的将粗粒度 LCA 实现在 ASIC 上会导致完全失去运行时的可编程性和灵活性。虽然这一类 LCA 在空间和能效上有很好的性能，但不够灵活。使用 FPGA 实现加速器则完全相反，它能提供极大的灵活性，但在效率和性能上有所损失。

FPGA 包括一个由十分基础的计算单元组合而成的大型矩阵，构建于由电路交换互连部件构成的矩阵之上。整个结构是可配置的，可用于实现任意电路，从而实现任意功能。FPGA 计算单元主要由查找表（LUT）组成，查找表的输入是一串单比特的信号，根据该输入在查找表中索引相应的值作为输出信号。除了这些计算单元，FPGA 组织还包含两种存储元件：1）触发器，它是流水阶段间的锁存寄存器；2）块 RAM（BRAM），它是可寻址的、用于本地存储的 ASIC 存储单元。这些组件由电路交换网络互连，几乎可以与 ASIC 一样实现所有的通信。

然而，FPGA 在灵活性高的同时，也存在一系列巨大的开销。首先，由于电路每一个微小部件的配置都需要从存储加载，FPGA 的配置是相对耗时的，而且涉及大量存储数据的迁移。其次，如何加载部件涉及综合问题，可能需要数天的计算才能将设计转换成合适的配置，因此需要较长的编译时间。尽管如此，无论在学

术界还是产业界，当 ASIC 系统产量不足以盈利的情况下，FPGA
已经成为大量加速应用的常用设备。

在高层次综合（HLS）[35, 54] 成熟之前，FPGA 编程相对于传
统的软件编程而言非常困难且耗时。尽管 FPGA 具有高性能和低
功耗的特点，但开发成本较高的问题使得 FPGA 成为许多开发者
万不得已的最终解决方案。HLS 改变了 FPGA 编程方式，它将传
统的程序代码转换为像 VHDL 一样的硬件描述语言，从而加速了
开发过程，使得利用传统软件开发 FPGA 成为可能。此外，结合
编译器技术的进步，支持自动提取合适的代码段转化为 FPGA 设
计，使 FPGA 成为传统工具链的一部分。这些都改变了 FPGA 的
角色——从完整实现用户自定义设计的传统平台，到为传统处理器
引入加速器组成异构系统的高定制嵌入式设计平台。

在这个方向第一个市售的是 Xilinx Zynq，它的特点在于将一
组处理器与 FPGA 集成，并保持缓存一致性。这为探索异构系统
提供了新方法[23]。

4.4 粗粒度可重构阵列

4.2 节和 4.3 节讨论了两个极端，即 LCA 和 FPGA。LCA 的
特点是高性能和高效率，FPGA 则是高度可重构。粗粒度可重构
阵列（CGRA）也称为组合加速器，试图弥补两者的不足，它提供
了一组粗粒度部件及其互连机制[26, 92, 104]。这些计算引擎的粒度
足够大，能够接近 LCA 电路级的性能和效率水平，同时又提供了
FPGA 最具优势的可编程性和可重构性。CGRA 将可执行多个操作
的整个功能单元作为粗粒度部件组合在一起，而不是单个 LUT 或
寄存器。此外，由于 CGRA 中的部件相对较少，所以其计算资源
与互连资源比要高于 FPGA，同时能容忍更多动态映射方法。无论

体系结构的实现如何，从概念上讲，可以认为 CGRA 平台是含小型加速器而非 LUT 的 FPGA。

从概念上讲，CGRA 体系结构相当于一组在网络中挂起的自定义指令，如 3.4 节所述。每一个小型计算引擎只负责实现少量的计算。从范围上讲，这些计算引擎与那些普通计算核上执行少量指令并将结果传递给下一个计算引擎的情况类似。下一个计算引擎将执行更多的一些操作，然后将其输出再传递给下一个计算引擎。这些计算引擎一起构成通信图来执行复杂的操作，而通信图中的每个计算引擎只执行全部操作的一小部分。

这种设计有不少益处。第一，各个计算引擎可以非常高效地实现，而不是反复执行由超细粒度原语实现的通用计算引擎，例如 LUT。这使得它的计算密度比 FPGA 组织大得多，而性能和能效又接近 ASIC。第二，由于组成加速器的部件较少，这些部件到硬件资源的映射过程也相对容易很多。CGRA 配置可能涉及十几个甚至更少部件的互连，而不是映射数万或数十万个部件及其互连。采用这种方式，不仅加速了编译过程，还加速了配置过程。与 FPGA 加速器相比，CGRA 加速器有效减小了开销。第三，与全定制的 ASIC LCA 相比，利用率有所提升。这是因为，单个计算引擎可以适用于更多应用场景。虽然 CGRA 平台带来的好处不如专为单个程序内核设计的纯 ASIC 实现，但这种灵活性允许 CGRA 加速器覆盖更多程序，从而提高 CGRA 带给系统的整体影响。

本节以 16 位乘加器举例说明，如图 4-2a 所示。为了方便论证，如果没有特殊说明，我们假设一个计算引擎执行三个算术运算。如图 4-2b 所示，示例等式可以分解为 5 个部分，这 5 个部分必须互连才能执行完整操作。

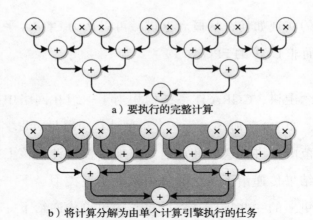

a）要执行的完整计算

b）将计算分解为由单个计算引擎执行的任务

图 4-2　示例等式

4.4.1　静态映射

许多 CGRA 的工作[81, 104, 118]聚焦于资源的静态映射，计算引擎和计算引擎之间的互连通信通过离线计算完成，或作为编译过程的一部分。这种设计允许使用非常简单的网络设计实现计算引擎之间的通信，例如 FPGA 内常用的电路交换网络。因为单一计算引擎运行频率可能会比较高，所以互连网络不能容忍不规则的延迟。出于这个原因，当模式在编译时被指定后，会被映射到 CGRA 底层，其中，计算引擎之间的通信时间可能被考虑进去。静态映射 CGRA 体系结构的例子[118]如图 4-3 所示。

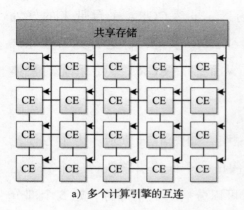

a）多个计算引擎的互连

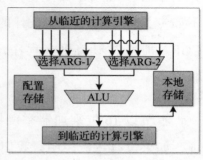

b）单个计算引擎的内部结构

图 4-3　源于［118］的 CGRA 示例

CGRA 平台的共同特点是加速器资源的虚拟化，这是以加速器之间的相对位置为基准，通过将加速器指定为计算引擎的通信集合实现的。然后，资源管理机制为请求的模式寻找合适的匹配[81]。这种分配策略显然偏向于使用同质计算引擎，同质计算引擎在静态映射 CGRA 设计中是很常见的[104]。此外，也有设计主张异构计算引擎的同质群集[81]。

在映射图 4-2 示例程序时，特定的体系结构将影响可能的通信模式。假设在一个 CGRA 平台中，电路交换网络允许一个单元与其各个方向（水平、垂直和对角）的邻近单元在一个 3×4 的计算引擎网格中相连。图 4-4a 给出了示例计算图中的节点标签，图 4-4b 给出了这些节点到计算引擎的一种可行映射，它满足我们期望的通信模式。在运行时，我们可以选择任意匹配图 4-4b 所示模式的计算引擎布局，使得计算引擎不被其他任务所占用。此处共有 4 种可选的配置方式（将模式向右、向上，或向右上移动），其中一种分配方式如图 4-4c 所示。在编译时，图 4-4b 所示模式将会产生，而图 4-4c 所示分配方式将在运行时执行。这个例子也说

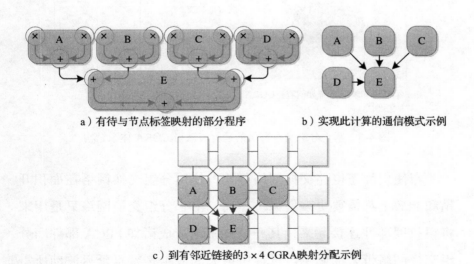

a）有待与节点标签映射的部分程序　　　　b）实现此计算的通信模式示例

c）到有邻近链接的 3×4 CGRA 映射分配示例

图 4-4　从程序到静态映射 CGRA 样本体系结构的过程

明了同质性在 CGRA 布局中的重要性，因为位于示例 CGRA 中心任意位置的不可用计算引擎将消除所有可能的映射。

4.4.2 运行时映射

由于 CGRA 平台包含少量互连部件，每个互连部件负责大量工作，所以 CGRA 平台有可能将分组交换或动态网络用于计算引擎互连，而不是静态电路交换网络[26]。由于设计必须容忍延迟的波动，这会使问题变得更加复杂；但另一方面，它考虑了在系统设计和加速器利用率中更高的动态性。在这些系统中，没必要知道计算引擎之间的相对位置，这使得加速器虚拟化变得微不足道，因为任何计算引擎都可以与任何其他计算引擎通信。当加速器资源有争议时，这种设计也大大简化了加速器任务的调度。图 4-5 所示为针对运行时映射 CGRA 的编译映射部件和实际体系结构之间的区别。

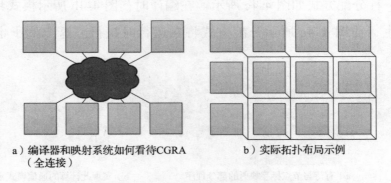

a）编译器和映射系统如何看待CGRA　　　　b）实际拓扑布局示例
（全连接）

图 4-5　基于分组交换网络的运行时映射 CGRA 体系结构

与使用静态电路交换网络相比，使用分组交换网络在面积开销和能效上都需要更多资源。然而，由于分组交换网络只是用来将粗粒度部件连接起来，其开销并不会造成诸如 FPGA 部件间分组交换网络带来的影响。设计中更大的成本是容忍延迟波动所需的底层构造。为适应通信延迟的不规则性，分组交换 CGRA 系统中的每个计算引擎都需要缓存，同时两个设备的通信必须握手，因此需要控制结构使计算引擎能够容忍通信延迟。

虽然在运行时映射 CGRA 能更积极地分配资源，但计算引擎分配资源的算法对加速器的实际性能有着重大影响。静态映射的加速器可以被映射成最佳结构，并强制资源管理系统授权此最优决策或认为彻底失败。在能容忍更灵活的互连模式的系统中，基于加速器产生的网络通信量，可以用相同的计算引擎构建不同质量的加速器。虽然这种方法进一步提高了资源利用率，但是不能保证加速器的质量。

支持资源间任意通信的 CGRA 平台系统设计也得到了简化。为了编译程序，编译器只需要了解可用的计算引擎库，并且保证每种计算引擎的最小数量。这些计算引擎的物理连接方向无法确定可行的组合方式，但能决定组合成的加速器的性能。因此，系统设计者可以更自由地设计由更多样化的计算引擎库组成的系统，这是由于将非均匀性引入 CGRA 系统不会影响编译器的决策或映射决策的有效性。了解运行时映射的 CGRA 的计算引擎方向只在资源管理机制中发挥重要作用，而且主要是为了评估性能影响。

为了说明运行时映射的影响，我们再次考虑图 4-2 中的示例程序。在这种情况下，从映射程序的角度来看，CGRA 是一个全连接的计算引擎集，将计算映射到这样的一个体系架构上是非常简单的。但是，在考虑底层拓扑结构时，节点分配的决策如果交叉，可能会使性能降低。无论做出什么样的选择，只要 CGRA 中剩余的计算引擎足够多，那么不管它们的连接方向如何，CGRA 都是可用的。还有一点需要注意的是，在计算引擎的选择中异构性有更大的施展空间，用不同特征的计算引擎替换给定的计算引擎不会使潜在分配方式失效。

4.4.3 CHARM

CHARM[26]是 CGRA 架构的一种，主要专注于虚拟化和快速调度，如图 4-6 所示。CHARM 引入了一种硬件资源管理机制，称作加速器块设计（ABC），ABC 管理一些小的计算引擎，称作加速器构建模块（ABB），这些 ABB 以岛的形式分布在整个处理器中。芯片上有单个 ABC，它控制分布在整个处理器中的大量 ABB。ABC 充当处理器与其他加速器交互的门户。在每个岛内部，有控制岛中数据输入输出的直接存储器访问（DMA）、一定数量的作为 ABB 缓冲区的便签式存储器（SPM）、实现岛内互连的内部网络以及实现岛间通信的网络接口。岛结构如图 4-7 所示。

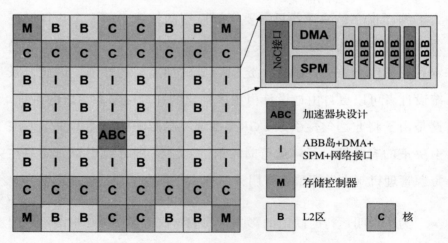

图 4-6   CHARM 处理器结构图，特征内核和 ABB 绑定成岛屿结构。
摘自［26］

传统核通过将描述 ABB 非循环通信图的配置写入普通共享内存中以调用加速器。然后，根据 ABB 图，ABC 最大限度地提高新实例化的加速器性能，并为每个参与的 ABB 分配一些任务。为了进一步提升性能，ABC 继续调度加速器的其他实例，直到资源被全部用完，或者任务被全部分配完。所有任务完成后，ABC 通知核任务已完成。

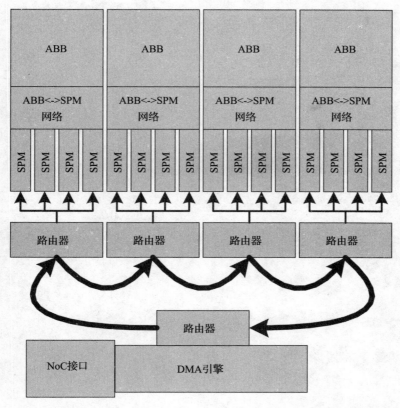

图 4-7　ABB 岛及其内部结构。其中有一个用于内部连接的无向环，并使用普通处理器互连来实现岛间通信。摘自 [26]

通过使用 ABC，CHARM 这种硬件调度机制能够利用大量的计算资源来参与任何并行度足够高的任务。

4.4.4　使用组合加速器

与 FPGA 一样，CGRA 平台同样需要编译器的支持。如果 CGRA 中的计算引擎与编程语言中使用的原始操作（即浮点操作、定点操作等）相当，那么从程序到 CGRA 的映射就相对简单直接一些。在实际应用中，将程序映射到 CGRA 的过程与 3.4.4 节中描述的定制指令映射相同，都是期望将 CGRA 用于数据量大的运算中。

Customizable Computing

第 5 章

片上存储器定制

5.1　引言

　　为提高系统访问数据的效率，通常利用片上存储器为计算单元（如通用处理器和加速器）提供本地存储。与直接从片外 DRAM 中获取数据不同，片上存储器可以利用短访存延迟和高带宽的特性来隐藏 DRAM 的访存延迟。那些局部性高的数据可以缓存在片上存储器中。本章将首先介绍不同类型的片上存储器，然后讨论不同类型的片上存储器系统设计中的定制技术。

5.1.1　高速缓存和缓冲区（便签式存储器）

　　现代处理器中广泛使用高速缓存（cache）以达到有效隐藏数据访问延迟的目的，并通过数据重用提高系统存储带宽。具有较高空间局部性或时间局部性的数据块可以保存在高速缓存中。对于通用处理器，高速缓存通常由纯硬件机制自动管理。高速缓存主要由两个阵列组成：标签阵列和数据阵列。标签阵列用于检查请求的数据块是否位于数据阵列中。相关联的高速缓存构成一个组，并且块在缓存替换策略的指导下在组内托管。这些策略决定哪些块应该被剔除从而为其他块提供空间。大多数应用程序中存储器的访存具有良好的空间和时间局部性。因此，高速缓存是提高通用处理器性能的有效技术。

　　对于具有可预测数据访存模式的应用程序，与利用传统的替换策略管理高速缓存相比，利用访存模式来管理片上存储则更有效。在本书中，我们利用术语缓冲区（buffer）来代表这种类型的片上存储器。一个缓冲区在逻辑上可以看作一维数组，并且能够通过硬件或者软件进行管理。先进先出（FIFO）存储器、（LIFO）后进先出存储器和随机存取存储器（random access memory）是用于片上存储系统的通用硬件管理的缓冲区。便签式（scratchpad）

存储器是由软件管理的缓冲区。嵌入式架构将便签式存储器与高速缓存相结合来降低系统的功耗。CELL 处理器的设计展示了在协处理器单元（SPE）利用缓冲区的效果[105]。

下面将讨论高速缓存和缓冲区之间的区别。

可编程性

高速缓存对于软件和程序员而言是透明的，并且可以作为通用处理器核的近存储器（near memory）。一般来说，在与主存相同的地址空间中访问它们。高速缓存中的数据块由硬件缓存替换策略自动管理。大多数程序员不需要担心软件开发过程中的数据管理。虽然有些应用受益于基于软件的缓存优化策略（例如 tiling），但这对于高速缓存的使用来说并不是必需的。因此，高速缓存需要极少的编程工作。

缓冲区也可以作为专用处理器核或者加速器的近存储器。缓冲区可以被看作一维数组，并且在相对于主存储器的独立存储空间中进行寻址。对于硬件管理的缓冲区，例如先入先出存储器、后入先出存储器和随机存取存储器，程序员不需要担心底层的管理策略，对缓冲器管理的硬件逻辑是在设计时确定的。对于便签式存储器，则由程序员或者一个精心设计的编译器负责数据管理，但是这也为程序员进行数据管理带来了负担。然而，通过利用软件进行性能优化，可以提供自由度更高的缓冲区管理策略。因此，缓冲区通常用于具有可预测的存储器访问模式的体系结构设计中，例如富加速器（accelerator-rich）体系结构。

性能

高速缓存和缓冲区都用于隐藏片外 DRAM 的访问延迟，并在一定程度上提高了系统的性能。对于具有复杂的存储器访问模式或者在编译时无法预测访存模式的应用程序，高速缓存是更好的选择。在通用处理器核上运行的许多程序都具有这种特征。缓冲区通常用于具有特殊用途的处理器核和加速器，常用于运行具有可预测存储器访问模式的应用程序或者计算内核。加速器每次计算请求多个数据元素是很常见的。为了在相同的固定延迟下同时获取多个数据元素，设计人员通常在加速器设计阶段提供多个独立的缓冲区来优化对数据分区（banking）的读取。因此，加速器的吞吐量可以显著提高。尽管在高速缓存中的内部分区可以实现交叉存取，但是不能保证所有的访问都可以成功交错而不产生冲突。因此，在这种情况下，缓冲区是更优的选择，尤其是对预先知道数据访问模式的应用进行加速器设计时。

缓冲区的另外一个优点是可预测的访问延迟。由于高速缓存块是由通用的替换策略管理的，因此高速缓存的访问延迟是很难预测的。程序运行时会发生高速缓存缺失（未命中，cache miss），这会触发高速缓存控制器向内存控制器发送检索数据块的请求。由于数据块可能处于高速缓存层次结构的不同级别，并且可能会争用存储器层次结构资源，因此访问的延迟是无法预知的。相比之下，由于缓冲区的数据块是由软件或硬件管理的，因此可以提供绝对的可预测性能。缓冲区同时可以保证在设计时满足重要的性能目标。通过编译器优化，缓冲区可以进一步实现更优的数据重用并且能够避免进行下一级存储器访问造成的性能下降。

功耗和面积

缓冲区比高速缓存更加节省功耗和面积，主要原因在于高速缓存利用标签阵列来查找数据阵列中的数据。因此，额外的标签阵列和比较逻辑耗费了更多的面积，同时也增加了漏电流功耗。并且由于执行标签比较来查找高速缓存块，因此会产生更多的动态功耗。对于一级高速缓存（L1 cache），使用并行标签比较来加速进程但也产生了更多的功耗。对于缓冲区而言，由于没有标签比较，因此比高速缓存更加节能[75]。

5.1.2　片上存储系统定制

本节将简要介绍不同类别的片上存储器的定制技术。基于片上存储系统的定制技术共分为 4 类：1）通用处理器高速缓存，2）基于加速器体系结构的缓冲区，3）混合高速缓存——在高速缓存中实现缓冲区支持，4）混合工艺的高速缓存。

通用处理器高速缓存

多级片上高速缓存在目前最先进的多处理器设计中占用了大部分芯片面积。在 L1 高速缓存下，由于漏电流功耗与片上晶体管的数量成线性比例关系，因此漏电流功耗在整体动态功耗中占有主要部分。此外，由于系统对二级高速缓存（L2 cache）和最后一级高速缓存（LLC）的访问频率较低，产生的动态功耗可以忽略不计。因此，CPU 存储系统定制的主要研究工作是通过选择性地对部分高速缓存进行功率门控设置来降低漏电流功耗。5.2 节对一些早期的相关工作展开讨论，例如可选择高速缓存路（selective cache way）[1]、DRI-i cache[107]、高速缓存衰减（cache decay）[77]。

富加速器体系结构的缓冲区

在基于加速器的体系结构中，缓冲区通常作为加速器的近存储器。加速器需要在指定的可预测延迟甚至是固定延迟内获取多个输入数据元素来最大化系统的性能。因此，在这种体系结构中，缓冲区比高速缓存更加适合。加速器库[89]和 CHARM[26]是利用缓冲区的富加速器体系结构，5.3 节将对其设计和机制进行讨论。

混合高速缓存：在高速缓存中支持缓冲区

在可定制片上系统（CSOC）中，为满足具有挑战性的计算任务需求，通用处理器核以及大量的加速器被放置在同一块芯片上进行计算。大型多级高速缓存广泛用于通用处理器中。因此，研究如何利用当前多级高速缓存的存储资源来设计加速器和指定应用的处理器，例如 CELL 处理器[105]，是十分重要的课题。

高速缓存提供的存储器资源可以用作软件管理的便签式存储器、硬件管理的先入先出存储器和随机存取存储器。对于便签式存储器，可以利用已知的存储器存取模式来优化软件层对存储器存取的管理，进而提高系统性能。同时，通过消除标签比较和在组相联的高速缓存中进行并行数据提取的步骤，达到降低系统功耗的目的。便签式存储器被应用在 CELL 处理器[105]和多数嵌入式处理器中。早在 21 世纪初，文献［20，32，43，80，96，113］就提出了在高速缓存中实现便签式存储器的想法。

对于富加速器体系结构，加速器的片上存储系统设计是至关重要的。近期的工作[29, 53, 89]主要研究如何共享片上存储器资源，并将其用作硬件管理的随机存取存储器、先入先出存储器以及软件管理的便签式存储器。集成缓冲器的高速缓存（Buffer-integrated-Cache，BiC）[53]以及内含缓冲器的非一致性高速缓存结构（Buffer in NUCA，BiN）[29]展示了从共享的 L2 级高速缓存中为加速器提供缓冲区方案的实效性。我们将在 5.4 节中对该技术进行详细讨论。

混合工艺的高速缓存

本章最后将讨论混合工艺的高速缓存定制策略。非易失性存储器（NVM）将会成为取代目前 SRAM 和 DRAM 的新兴技术，并且具有低漏电流功耗和高密度的特性，使得以极低的漏电流功耗来创建更大的片上存储器的方案成为可能。然而，非易失性存储器存在耐久性（即单元的生命周期）较低，以及动态写功耗高的弊端。为了减轻耐久性和高写入功耗对系统性能的负面影响，文献［12，121，132］提出了 SRAM 和非易失性存储（NVM）相结合的混合高速缓存。我们将在 5.5 节中简要介绍混合缓存并讨论相应的定制技术 [16, 17, 76, 131, 132]。同时可以观察到，一些混合高速缓存定制技术的思想与 5.2 节中讨论的 SRAM 高速缓存的思想不谋而合。

5.2 CPU 高速缓存定制

在现代通用处理器中，多级高速缓存往往作为片上存储器以隐藏访问 DRAM 带来的延迟。作为每个内核私有的缓存，L1 高速缓存离处理器内核最近，因而可以为同一高速缓存行中的数据元素提供更高的空间局部性。通常，每个内核中包含一个 L1 指令缓存（L1-I）和一个 L1 数据缓存（L1-D）。L2 高速缓存则可以被多个内核共享，并可以在 L1 高速缓存未命中时将数据提供给 L1-I 缓存和 L1-D 缓存。最后一级高速缓存（LLC）通常很大并由所有 CPU 核共享，可以在 L2 高速缓存未命中时为 L2 高速缓存提供数据。

在现代处理器中，多级高速缓存层次结构占用了总芯片面积的 50% 以上 [114]。因此，能源消耗的大部分集中在漏电流功耗上。在本节中，我们将讨论一些关于缓存定制策略早期的相关重要研究，此类技术可以根据运行期间高速缓存的需求量针对性地调整高速缓存大小，以减少漏电流功耗。我们可以根据启动 / 关闭缓存的粒度大小对这些缓存设计策略进行分类。例如，缓存路选择技术 [1] 和大小可调的 i-cache 技术 [107, 134] 提供了粗粒度的高速缓存重构方法，包括基于缓存路（way-based）或高速缓存组（set-based）的高速缓存重构。而高速缓存衰减技术[77]和疲态缓存（drowsy cache）技术[56]则以细粒度的方式通过控制高速缓存块来减少漏电流功耗。这些想法大多数只在一级或二级缓存层次结构（即仅 L1 缓存或 L1 和 L2 缓存）中对缓存层次结构进行了评估。然而，此类想法还可以适用于多级高速缓存，特别是可以应用在最后一级高速缓存中以减少功耗泄露。虽然最近的综合讲座[78]已经很好地总结过了这些工作，但是这些工作中使用的优化技术还可以很好地扩展到采用不同存储介质实现的高速缓存中（例如，自旋转移力矩存储器（STT-RAM）单元）[132]。首先，在本节中我们将讨论为 SRAM 缓存而开发的相关技术，然后在 5.5 节中，我们将讨论将该类技术应用到混合技术高速缓存的更加复杂的技术。

5.2.1　粗粒度定制策略

当高速缓存空间的需求量低时，可以应用缓存路选择架构[1]，即禁用组相联高速缓存中的一部分缓存路。这种按需分配资源的方法可以根据应用需求动态降低漏电流功耗。由于这种架构以缓存路为基本粒度重新配置高速缓存，因而是粗粒度定制策略中的一个很好的范例。

图 5-1 展示了缓存路选择技术的体系结构。第一，这种技术需要利用判定逻辑和门控硬件来禁用高速缓存路。其中，门控硬件在电路级[107]使用门控电源 Vdd 技术实现。第二，高速缓存路选择寄存器（CWSR）用来发送信号通知高速缓存控制器启用或禁用特定的高速缓存路。CWSR 是软件可见的，因此系统需要额外的 ISA 的支持来读写 CWSR。第三，作者认为高速缓存的需求量可以通过软件技术动态估计，如利用生成工具和性能计数器定期

采样。第四，当高速缓存路被禁用时，它仍需保持一个合适的一致性状态。结果表明，通过这种方法可以在损失很小的性能的同时减少大量的漏电流功耗。例如，一个包含 4 路、64KB 大小的 L1-D 和 1MB 大小的 L2 高速缓存平均可以节省 30% 的能耗，同时，性能下降不到 4%[1]。

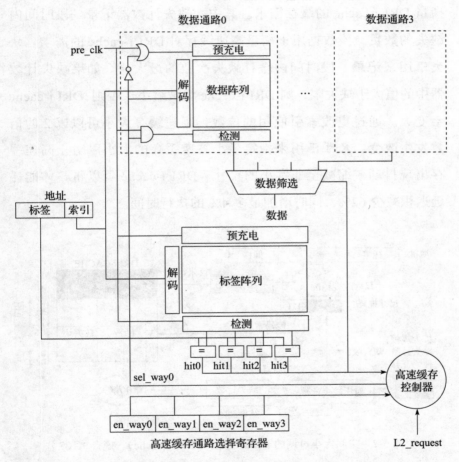

图 5-1　使用缓存路选择技术的 4 路组相联高速缓存。摘自 [1]

文献 [134] 中的作者提出了通过动态调整以适应应用程序特性的大小可调的 i-cache 技术（DRI i-cache）。DRI i-cache 的底层电路同样依赖 Vdd 门控技术[107]。其中，Vdd 门控管利用自反向偏置串联晶体管的叠加效应来达到开关电源 Vdd 的效果[135]。在这种电路级技术的支持下，缓存可以动态地按照一定的粒度进行配置。

图 5-2 展示了 DRI i-cache 的架构设计。通过利用一个缺失计数器（miss counter）、一个缺失限以及间隔结束标志，DRI i-cache 可以在固定长度的时间间隔内动态记录高速缓存的未命中率从而衡量 DRI i-cache 的缓存需求。其中，缺失计数器记录一段时间内缺失的数目，该数据用于衡量高速缓存对 DRI i-cache 的需求。缺失限用来记录一段时间内缓存缺失次数的最大值。如果缺失计数器中的值大于缺失限，则 DRI i-cache 将被缩小。否则，DRI i-cache 会变大。通过更改索引使用的位数，高速缓存大小可以以 2 的倍数发生改变。尺寸限用来指定最小高速缓存的大小以防止高速缓存出现抖动或缩减至非常小的尺寸。DRI i-cache 可以将整体能耗延迟积减少 62%，同时增加最多 4% 的执行时间。

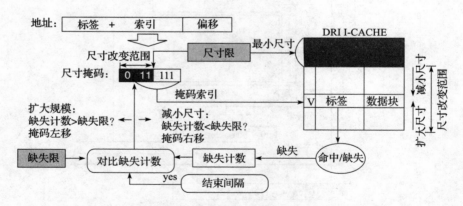

图 5-2　空间大小可调的 i-cache 技术（DRI i-cache）。摘自［107］

5.2.2　细粒度定制策略

对于细粒度策略，我们将以高速缓存衰减方法[77]作为在缓存块级别节省能耗的一个范例。图 5-3 显示了一个数据块从被调入缓存到被调出的生命周期[77]。作者在文献［77］中发现，只有当高速缓存行被首次调入后才会被频繁访问，然后直到缓存行中新的数据项替换了旧数据，缓存行中的数据才会被重新使用。从最后一次访问高速缓存行到高速缓存中数据发生更换的时间点之间的时间段称为终结时间（dead time）。图 5-4 显示了高速缓存数据的终结时间所占百分比。平均而言，在整数测试集上的终结时间占总时间的 65%，在浮点数测试集上则为 80%。通过观察发现，如果可以将处在终结时间段的高速缓存行的供电断开，漏电流功耗可以得到明显降低。基于此，作者提出了高速缓存衰减方法。这是一种基于时间预测的泄漏控制技术，可以为处于终结时间的高速缓存行自动断电[77]。高速缓存衰减策略是在缓存行这种细粒度下实现的。

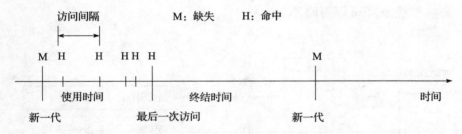

图 5-3　高速缓存在引用流的生命周期。摘自 [77]

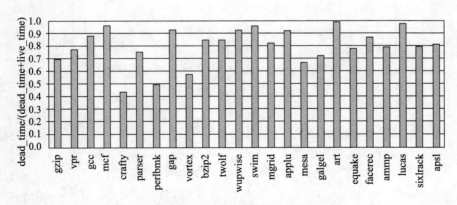

图 5-4　高速缓存数据终结时间占比。摘自 [77]

这种方法的关键是采用了一个计数器，这个计数器会周期性地累加从而测量高速缓存行是否长时间未被访问。一旦高速缓存行被访问，计数器的数值将会被重置。如果计数器饱和，则意味着高速缓存行不太可能被访问，因此可以将这一行的供电断开。但是，这种衰减间隔可能在数万个周期的范围内。基于此，计数器需要大量的比特，所以这种方法是不现实的。

如图 5-5 所示，作者提出了一种分层计数器的设计，其中一个全局计数器用来为较小的缓存行计数器提供标记，两位局部计数器在对应的高速缓存行被访问时被复位。为了避免产生全局标记信号时发生突发回写的可能性，标记信号从一个本地计数器级联到下一个本地计数器间有一个周期的等待时间。这种高速缓存衰减思想可以将 SPEC CPU2000 的 L1 漏电流功耗降低 5 倍，同时带来的性能下降可以忽略不计[77]。

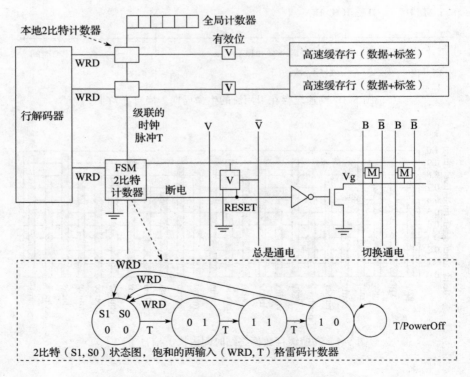

图 5-5 高速缓存衰减：分层计数器。摘自 [77]

总之，与粗粒度策略相比，细粒度策略具有更高的灵活性，并且在同样的性能损失下可以减少更多的漏电流功耗。但是，控制逻辑设计和电路级设计可能会带来芯片面积和资源布局开销。而且细粒度策略的设计实施更加复杂。因此，在选择缓存定制策略时，设计人员需要权衡利弊。

5.3 富加速器架构的缓冲区

如 5.1.1 节所述，缓冲区与 CPU 的高速缓存相比有两个主要优势：可预测的访问延迟和灵活的分区。因此，缓冲区在当今片上系统设计中广泛用于专用加速器。目前的研究主要集中在如何使用缓冲区设计可被富加速器架构共享的片上存储系统[29, 53, 89]。其他工作主要关注如何基于加速器的访问模式优化缓冲区和互连的微架构[21, 33]。在本节中，我们首先使用加速器库[89]来描述目前的富加速器架构如何设计共享缓冲系统。我们将在 5.4.2 节讨论如何在片上多核处理器 CMP 的高速缓存中应用缓冲区的技术。接下来，我们将讨论基于加速器的特定内存访问模式的内部缓冲区定制技术。在此过程中，我们使用模板算法作为示例应用[33]。

5.3.1 加速器的共享缓冲区系统设计

加速器库（AS）[89]试图为包含数十或数百个加速器的富加速器系统提供共享内存框架。当加速器的数量增加时，加速器所需的 SRAM 存储器的数量会成为影响这些系统面积的一个重要因素。因而，必须支持内存资源共享。

AS 使用句柄为加速器创建共享内存。与 C 编程语言中文件句柄描述文件的方式类似，句柄可以用来描述 AS 中的共享内存资源。每个加速器可以拥有 AS 中多个共享内存区域。在 AS 中创建共享内存区域的同时，会返回相应的句柄 ID（HID）。AS 将 HID 传递给一个或多个加速器，然后加速器可以使用分配的 HID 交换数据。

图 5-6 描述了加速器库的设计。句柄表通过记录各个活跃共享内存的句柄来维护整个共享内存。在通用 CPU（GPCPU）上运行的系统软件可以添加或删除句柄。对共享内存的请求可以通过通道进行传输。每个通道在一个周期内可以承载单个共享内存的访问请求。通道争用问题可以通过优先级表对共享内存的访问请求进行仲裁来解决。

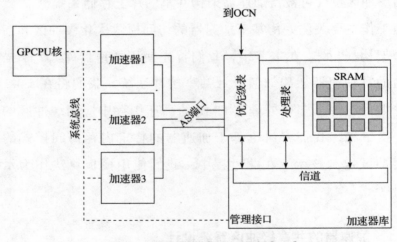

图 5-6　加速器库设计。摘自［89］

AS 可以通过硬件逻辑进行管理，支持以下类型的缓冲区实现。第一，支持随机存取存储器，即加速器可以在共享内存的任意位置读写数据。第二，支持先进先出存储器，即加速器可以按照先进先出的顺序将数据存入或者取出。这种先进先出的顺序可以用于加速器队列之内或队列之间。第三，支持具有随机存取能力的 FIFO。在这种缓冲区中，读取和写入不会增加或者删除数据值。这对于以先进先出顺序流入数据的操作非常有用，但是数据可以被无序使用。通过对两个不同应用的评估结果可以发现，AS采用缓冲区共享设计，只需花费很小的代价（2%性能，0%～8%功耗），就可以显著地降低整个SoC系统的面积（30%）[89]。

5.3.2　加速器的内部缓冲区定制

图5-7展示了经典5点模板算法的内存访问模式。在每次迭代中，我们需要更新所有单元的值。为了实现有效更新，每个单元在计算之前都需要获取其4个邻居单元的值。为了设计具有最高性能的加速器，我们希望这5个数据单元能够被同时获取，并在同一个周期内到达加速器进行计算。如果使用缓冲区，加速器能够利用这5个数据单元支持固定访问延迟的优势，从5个缓冲区中无冲突的访问这5个单元。因此，加速器每个周期都能够更新一个单元值，这意味着启动间隔为1（II =1）。相反，如果使用高速缓存，在获取5个元素时其不确定的访问延迟可能会严重降低加速器的性能。

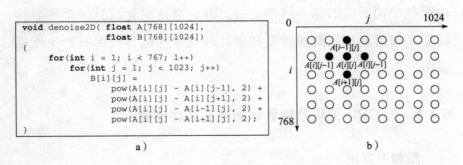

图5-7　经典5点模板算法。摘自［33］

在文献［33］中，作者提供了一个最佳的微体系架构设计，该设计可以最小化模板算法所需的缓冲区的数量以及各个缓冲区的尺寸。具体细节在［33］以及本书的第6章中有详细的介绍。

5.4　在 CPU 和加速器的高速缓存中提供缓冲区

在 5.3 节中我们讨论了片上共享缓存系统。作为多处理器芯片中丰富的片上存储器资源，这些缓存器独立于 CPU 高速缓存。在本节中，我们将讨论通过利用丰富的片上存储资源来提供缓存策略。所需的缓存器资源由 CPU 的高速缓存通过体系结构层支持提供，可用于 CPU 或加速器。在本节中，我们将使用术语“混合高速缓存”来指代由高速缓存和缓冲区混合在一起的片上内存系统。

在本节中，我们将讨论两种利用 CPU 高速缓存资源的策略。第一，高速缓存资源可以用作软件管理的便签式存储器[20, 32, 113]。我们通过讨论一个早期研究——列缓存[113]和一个近期更复杂的研究方案——自适应混合缓存（AH-cache）[32]来说明这个想法。第二，对于富加速器体系结构，可以将缓存资源用作加速器的缓存器或 FIFO。我们将通过讨论集成缓冲区的高速缓存（Buffer-integrated-Cache，BiC）[53]和内含缓冲区的非一致性高速缓存结构（buffer-in-NUCA，BiN）[29]设计来说明 CPU 和加速器如何以一种有效的方式同时共享缓存资源。此外，两种策略都讨论了混合高速缓存架构所需的体系结构支持。混合高速缓存的另一个重要问题是在如何避免在高速缓存和缓冲区竞争存储器资源时产生性能损失。

5.4.1　为 CPU 提供软件管理的便签式存储器

粗粒度方法

在文献[113]中，作者提出了一种称为可重构高速缓存的高速缓存架构，将 SRAM 高速缓存阵列动态划分为多个可用于不同应用的活动分区。第一，不同高速缓存分区可以通过查找表或缓存器的形式用于硬件优化。例如，数值预测、记忆化和指令重用技术都需要用到查找表。第二，这些分区可以用来存储软件和硬件预取的数据。第三，它们可以被用作便签式存储器，由编译器或用户应用程序进行管理。

对于组相联高速缓存，可重构高速缓存通过缓存路数提供分区，如图 5-8 所示。最小粒度为缓存路数，与列缓存类似。对常规高速缓存的改变在于：1）多路输入和输出；2）高速缓存状态寄存器。N 路可重构缓存可支持多达 N 个输入地址，并提供 N 个输出数据元素。缓存状态寄存器用于跟踪分区的数量和大小。当发生上下文切换时，寄存器状态将被保存，就像处理器中的其他任何控制寄存器一样。

对于直接映射高速缓存，作者使用可重叠的宽标记分区方案，如图 5-9 所示。额外的标签位用于指示分区。为了更简单的解码，分区个数被限制为 2 的幂次个。8 个媒体处理的基准测试实验结果显示，系统 IPC 提高了 1.04 ~ 1.20 倍。

细粒度方法：自适应混合高速缓存（AH-Cache）

正如 5.4.1 节讨论的，为满足高速缓存能够动态分区以供特定应用使用，作者提出了可重构的高速缓存。但是，在这种混合缓存设计中，对高速缓存和便签式存储器分区的方法并没有考虑到缓存实际运行时的行为。由于缓存组没有被均匀地利用[110]，所以便签式存储器块到高速缓存块的这种统一的映射可能会在实际运行时产生过热缓存组，这将增加冲突缺失率并降低性能。图 5-10 显示了混合高速缓存的缓存组利用率统计信息。每列代表缓存中的一组，而每一行代表一百万个时间周期。暗点意味着更热的缓存组。我们看到，对于不同的应用程序来说，缓存组的使用情况有很大的不同。对于给定的应用程序，利用率仍然随时间变化。混合缓存的设计需要有效的自适应技术。

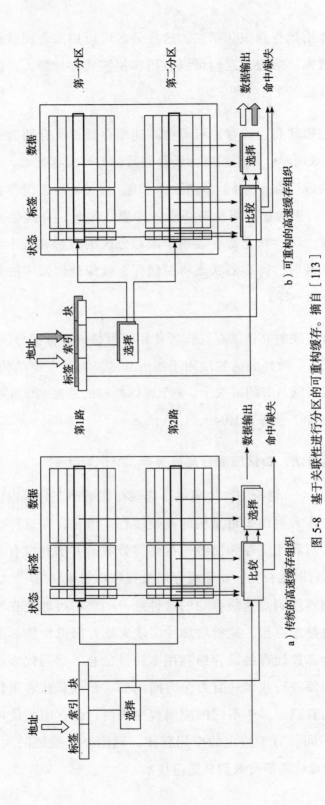

a）传统的高速缓存组织

b）可重构的高速缓存组织

图 5-8　基于关联性进行分区的可重构缓存。摘自 [113]

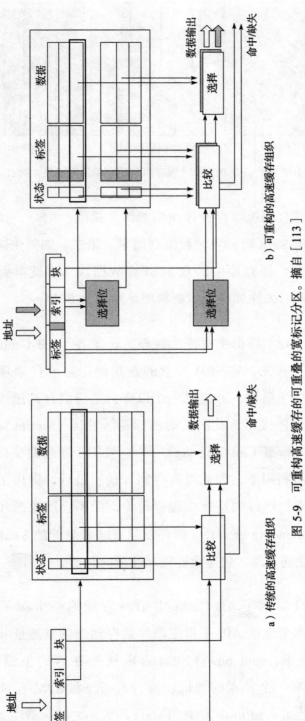

a）传统的高速缓存组织

b）可重构的高速缓存组织

图 5-9　可重构高速缓存的可重叠的宽标记分区。摘自［113］

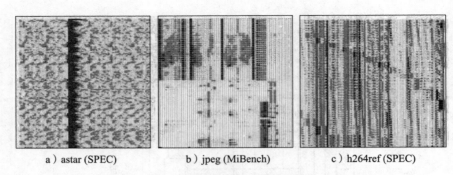

a）astar (SPEC)　　　　　b）jpeg (MiBench)　　　　　c）h264ref (SPEC)

图 5-10　混合高速缓存中的缓存组利用率非均匀现象。摘自［32］

高效混合高速缓存设计面临着两个挑战。第一，如何平衡在缓存中分配 SPM 时的各缓存组利用率。第二，如何快速查找被重映射到不同的缓存块中的众多 SPM 数据块。这就需要硬件的支持。软件则只关注如何使用逻辑地址连续的 SPM。

文献［32］提出了自适应混合高速缓存（AH-Cache）来解决这些挑战。首先，将 SPM 位置的查找操作隐藏在处理器流水线的执行（EX）阶段，并提供一个以非自适应混合高速缓存模式工作的清晰软件接口。其次，牺牲标签缓冲区（victim tag buffer），类似于缺失标签（missing tag）［137］，被用于通过共享标签数组来评估缓存组利用率，因此没有存储开销。最后，提出了一种自适应映射方案，可以快速适应缓存行为，而不会产生循环反复效应（circular bouncing effect）。循环反复意味着分配的 SPM 块在多个热缓存组之间弹跳，这导致能耗和性能的开销。

图 5-11 显示了 AH-Cache 中 SPM 管理的一个例子。系统软件提供了两个系统 API 来指定便签式存储器的基地址和大小。如图 5-11b 所示，spm_pos 将 SPM 基地址寄存器的值设置为数组 amplitude 第一个元素的地址，而 spm_size 将 SPM 容量寄存器的值设置为数组 amplitude 和数组 state 的大小之和。请注意，这些系统 API 不会影响 ISA，因为它们使用常规指令来赋值相关寄存器。

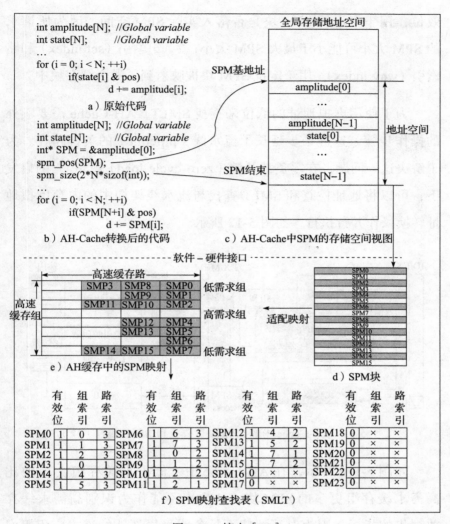

```
int amplitude[N];  //Global variable
int state[N];      //Global variable
…
for (i = 0; i < N; ++i)
        if(state[i] & pos)
                d += amplitude[i];
            a）原始代码

int amplitude[N];  //Global variable
int state[N];      //Global variable
int* SPM = &amplitude[0];
spm_pos(SPM);
spm_size(2*N*sizof(int));
…
for (i = 0; i < N; ++i)
        if(SPM[N+i] & pos)
                d += SPM[i];
    b）AH-Cache转换后的代码
```

全局存储地址空间

SPM基地址

amplitude[0]
…
amplitude[N−1]
state[0]
…
state[N−1]

地址空间

SPM结束

c）AH-Cache中SPM的存储空间视图

软件－硬件接口

高速缓存路

SMP3	SMP8	SMP0	低需求组
	SMP9	SMP1	
SMP11	SMP10	SMP2	高需求组
	SMP12	SMP4	
	SMP13	SMP5	
		SMP6	
SMP14	SMP15	SMP7	低需求组

高速缓存组

e）AH缓存中的SPM映射

适配映射

SPM0 ~ SPM15 （d）SPM块

d）SPM块

f）SPM映射查找表（SMLT）

	有效位	组索引	路索引		有效位	组索引	路索引		有效位	组索引	路索引		有效位	组索引	路索引
SPM0	1	0	3	SPM6	1	6	3	SPM12	1	4	2	SPM18	0	×	×
SPM1	1	1	3	SPM7	1	7	3	SPM13	1	5	2	SPM19	0	×	×
SPM2	1	2	3	SPM8	1	0	2	SPM14	1	7	1	SPM20	0	×	×
SPM3	1	0	1	SPM9	1	1	2	SPM15	1	7	2	SPM21	0	×	×
SPM4	1	4	3	SPM10	1	2	2	SPM16	0	×	×	SPM22	0	×	×
SPM5	1	5	3	SPM11	1	2	1	SPM17	0	×	×	SPM23	0	×	×

图 5-11　摘自［32］

如图 5-11d 和图 5-11e 所示，AH-Cache 中的缓存和 SPM 之间的分区的最小粒度为一个缓存块。如果所请求的 SPM 大小不是高速缓存块的倍数，则需要将它增大到下一个块大小的倍数，将 SPM 块到 cache 高速缓存块上的映射信息存储到 SPM 映射查找表（SMLT）中。SMLT 中的条目数为可分配的 SPM 最大缓存块数。由于 AH-Cache 必须为每个缓存组保存至少一个高速缓存块以维持 cache 缓存的功能，所以 M 路 N 组的组相连缓存上的最大 SPM 大小为（M − 1）× N 个块。在每个 SMLT 条目中，包含：1）一位有效位，用于指示该 SPM 块是否落入实际 SPM 空间，因为所请求的 SPM 大小可能小于最大 SPM 大小；2）组索引（set index）和路索引（way index），用于定位 SPM 块被映射到了哪个缓存块中。

为了使用虚拟地址的低位来查找 SMLT，AH-Cache 需要额外的操作步骤。这进一步延长了流水线（pipeline）的关键路径。为了解决这一问题，在零负载开销（zero-cycle load）思想[3]的启发下，可以将地址检查和 SMLT 查找与流水线架构中的内存虚拟地址转换操作并行执行，如图 5-12 所示。

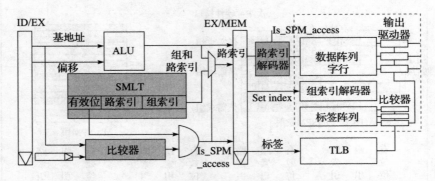

图 5-12　AH-Cache 中的 SPM 映射查找和访问。摘自［32］

如图 5-11e 所示，在 AH-Cache 中，低需求缓存组会容纳比高需求缓存组更多的 SPM 块。缺失率不能作为识别高需求缓存数据集的指标，因为对于那些不具备明显局部性的流式应用程序（streaming application），或者其工作集不断在 cache 中进出的应用程序而言，即使缺失率很高，增加缓存块也不能得到什么好处。AH-Cache 使用牺牲标签缓冲区（Victim Tag Buffer，VTB）来记录对每个缓存组的需求。与文献［137］中介绍的缺失标签类似，但 VTB 不需要内存开销。VTB 管理的细节参见文献［32］。

我们称这些在不同的缓存组之间反复跳动（bouncing）的块为"浮动块"（floating blocks）。AH-Cache 使用一个浮动块持有者（floating block holder）队列和一个特定的重新插入位表（reinsertion bit table）来处理循环反复问题并执行自适应块映射。读者可以参考文献［32］来了解更多细节。

总的来说，AH-Cache可以将缓存缺失率降低最多52%，相比以往的同类设计可以降低大约20%的能量延迟积。

5.4.2　为加速器提供缓冲区

集成缓冲区的高速缓存

嵌入式处理器，如视频编解码器、图像处理器、加密（crypto）和网络接口控制器之类的加速器模块，其设计目的大多在于提高系统性能与能效。对于这些加速器，SRAM模块可以用作便签式存储器、先入先出队列以及查找表等。如图5-13a所示，对于每一个加速器而言，这些存储器模块不同于高速缓存，而是通常作为局部缓冲区来使用。集成缓冲区的高速缓存（BiC）[53]架构尝试去探究允许缓冲区和高速缓存同时存在于同一SRAM存储模块中的统一方案。图5-13b说明了这一BiC架构。在这种片上系统中，缓冲区是从共享的L2级高速缓存中分配的。在BiC中，通用芯片能与加速器共享内存资源。共享的BiC不能消除加速器对于内部的高带宽、低延迟小型局部缓冲区或者寄存器的需求。然而，它可以通过利用共享的大规模L2级缓存存储资源提供较大的缓冲区。

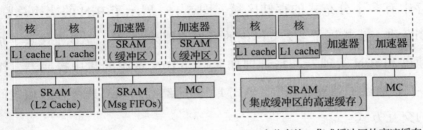

a）目前的平台　　　　　b）一个共享的、集成缓冲区的高速缓存

图5-13　一种片上系统的共享缓冲区实现。摘自［53］

BiC 中的一个缓冲区可以通过不同的组索引和路索进行标识，并按照缓存行粒度进行分配。缓冲区可以通过在相邻缓存组中的相同路上分配连续的高速缓存块而获得。如果缓冲区被分配到同一组中，可以避免饥饿问题。此外，不相干的缓冲区不能在高速缓存行中重叠。

图 5-14 说明了 BiC 的实现方式。每一个高速缓存行中都加入一个额外的缓冲区 / 高速缓存（B/C）粘贴位。如果该缓存行用于缓冲区，则粘贴位被设置为 1。如果该缓存行用于高速缓存，则粘贴位被设置为 0。替换逻辑会避免选择 B/C 粘贴位为 1 的缓存行作为替换候选。对于一个缓冲区操作，B/C 粘贴位可以被设置为免于标签对比的模式。相比 B/C 粘贴位，way_sel 信号则需要用于取数据阵列的数据。因此，标签对比中的动态功耗可以被消除。

BiC 相比传统的基准二级缓存设计，只添加 3% 的额外面积，但是免去了为加速器添加 215KB 专用 SRAM 的需求。而缓存缺失率的增加也不超过 0.3%。

内含缓冲区的非一致性高速缓存结构

内含缓冲区的非一致性高速缓存结构（BiN）[29] 进一步将 BiC 的工作从集中分配的高速缓存延伸到分布式非一致性高速缓存结构（NUCA）当中。在 NUCA 中，二级高速缓存或最后一级高速缓存中有多个分布式的存储区域。图 5-15a 展示了 BiN 的架构总览。BiN 进一步扩展了 4.2 节讨论的富加速器架构[28]。ABM 代表了加速器和 BiN 管理器，是管理加速器和 BiN 资源的集中控制器。图 5-15b 描述了处理器核心、ABM、加速器和二级高速缓存区域之间的交互方式。

BiN 的设计目标主要是解决以下两个问题：1）如何动态地分

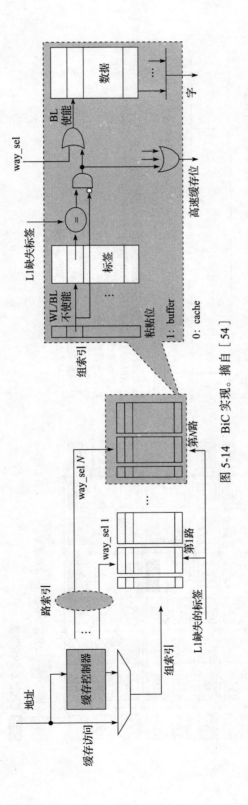

图 5-14 BiC 实现。摘自 [54]

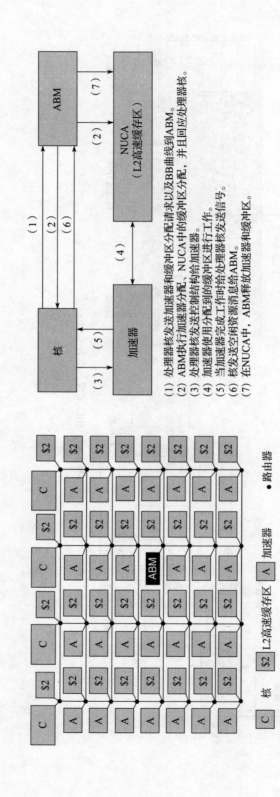

(1) 处理器核发送加速器和缓冲区分配请求以及BB曲线到ABM。
(2) ABM执行加速器分配，NUCA中的缓冲区分配给加速器。
(3) 处理器核发送加速器控制结构给加速器。
(4) 加速器使用分配到的缓冲区进行工作。
(5) 当加速器完成工作时给处理器核发送信号。
(6) 核发送空闲资源消息给ABM。
(7) 在NUCA中，ABM释放加速器和缓冲区。

b)

核 $2 L2高速缓存区 A 加速器
C L2高速缓存区 ABM 加速器&BiN管理器 ● 路由器

a)

图 5-15 BiN：架构总览。摘自 [29]

配加速器缓冲区的大小，从而最大限度地利用缓冲区来减少片外带宽需求；2）如何限制分配过程中的缓冲区碎片。

一般来说，通过增加加速器缓冲区的大小可以减少片外内存带宽的需求，这在文献［42］中讨论过。这是因为更长的数据重用距离可以被更大的缓冲区所覆盖。缓冲区大小和带宽需求之间的权衡关系可以被描绘成一条曲线，这称为 BB 曲线。在 BiN ABM 中可以在一个较短的固定时间间隔中收集缓冲区请求，然后为收集到的请求进行全局资源分配。已有一种可以动态分配缓冲区的最优算法可以保证获得最短时间内的最优解。该算法的细节可以在文献［29］中找到。

为了简化缓冲区分配和缓冲区访问的局部地址解码，之前的研究工作采用一种连续的方式分配缓冲区。可能会导致碎片化现象，特别是当多个加速器请求缓冲区资源的时候会尤为严重。在 BiN 中，作者提出分页的缓冲区分配方式，借用虚拟内存的想法，以页面为粒度来提供灵活的缓冲区分配方式。每个缓冲区的页面大小可以是不同的，并且能够适应一个加速器所需的缓冲区大小。图 5-16 演示了在三个加速器上分配缓冲区的例子。ABM 中的缓冲区分配器首先会选择邻近的二级高速缓存区域进行分配。为了减少页面碎片，BiN 允许缓冲区的最后一页比这个缓冲区的其他页面小。这并不影响页表查找。因此，任一缓冲区的最大页面碎片都小于最小页面的尺寸。

支持 BiN 的两个主要硬件部件是 ABM 中的缓冲区分配器模块，以及加速器的缓冲区页表和地址生成逻辑。图 5-17 展示了 ABM 中缓冲区分配器模块的设计。对于每一个二级高速缓存区域，每一个缓存路的缓冲区分配状态都要记录下来。对于一个 N 路组相联的二级高速缓存，用一个包含（$N-1$）项的查找表来跟踪记录每个区域的分配状态。最多可以分配 $N - 1$ 路空间来防止饥饿现象。在固定时间间隔内可以处理的缓冲区请求数被设置成一个给定的数字（本例中为 8）。因此，可以重复使用 8 个 SRAM 表来记录 BB 曲线点。

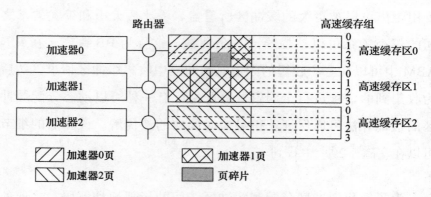

图 5-16　BiN：按页分配缓冲区的例子。摘自 [29]

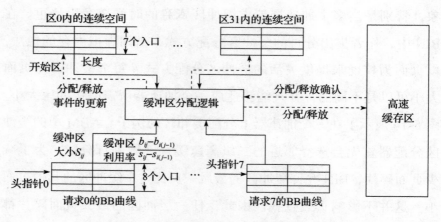

图 5-17　BiN：ABM 中的缓冲区分配器模块。摘自 [29]

如图 5-18 所示，对于每个加速器，都需要一个局部缓冲区页表来执行地址转换。具有 32 个存储区和 64 字节高速缓存路的 2MB 二级高速缓存需要一个 5 位的高速缓存区 ID 和一个 10 位的高速缓存块 ID。与 BiC 相比，BiN 可以分别进一步提升 35% 的性能和 29% 的能效。

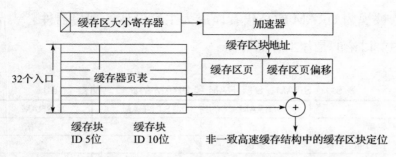

图 5-18　BiN：一种加速器中的带块地址生成器的页表。摘自［29］

5.5　不同存储技术下的缓存

一直以来，硬件逻辑缓存和片上多级高速缓存是采用静态随机存取存储器（Static Random-Access Memory，SRAM）实现的。然而，由于其本身的结构特性，传统基于 SRAM 设计的片上高速缓存不可避免地会产生高漏电功耗。因此，在高能效系统设计中，这种传统高速缓存往往会成为设计瓶颈。因此，设计人员在构建未来存储系统时，将注意力转向了注入自旋转移力矩磁性存储器（Spin-Torque Transfer magnetoresistive RAM，STT-RAM）、相变存储器（Phase change RAM，PRAM）等新型存储器。与传统的 SRAM 相比，这些新存储器具有更好的功耗、性能和存储密度特性，从而极大地丰富了存储器系统的设计。

表 5-1 简单比较了 SRAM、STT-RAM 和 PRAM 技术。确定性的访问时间和动态功耗取决于高速缓存的大小和外围电路的实现方式。总而言之，SRAM 虽然具有高耐久性，但也存在漏电功耗高和存储密度低的弊端。与之相对的，STT-RAM 和 PRAM 则牺牲了使用寿命以换取较高的存储密度和较低的漏电功耗。对后两者来说，STT-RAM 在耐久性、访存时间和动态功耗等方面优于PRAM，而 PRAM 则具有更高的存储密度。由于这些特点，特别是在耐久性方面的优势，STT-RAM 相对更适合用作片上最后一级缓存的设计[14, 16, 17, 47, 76, 121, 131, 132]，而 PRAM 则以存储密度高的

特点被视为 DRAM 的替代者而成为主存设计的理想器件[86]。本节主要讨论的是片上存储器。

表 5-1　SRAM、STT-RAM 和 PRAM 的比较。摘自 [16]

	SRAM	STT-RAM	PRAM
密度	1 倍	4 倍	16 倍
读时间	很快	快	慢
写时间	很快	慢	很慢
读功率	低	低	中
写功率	低	高	高
漏电功率	高	低	低
耐久性	10^{16}	4×10^{12} [14]	10^{9}

在本节中，"混合高速缓存"是指那些使用不同存储技术设计的高速缓存。混合高速缓存能结合 SRAM 和 NVM 的特点，扬长避短。总的来说，由于使用了更高存储密度的 NVM 单元，混合高速缓存能提供比传统高速缓存更大的存储空间，而漏电功耗却会小得多。另一方面，混合高速缓存可以利用其中的 SRAM 单元掩盖 NVM 存在的高动态写能耗和低耐久性的缺点。也正是由于受到这些更高密度的、几乎为零漏电的 NVM 单元所带来的效益，混合高速缓存的结构非常适合作为 LLC 出现在存储系统中。

文献 [121] 和 [132] 最早提出混合高速缓存结构。如图 5-19 所示，在 [132] 中作者尝试探索了不同 NVM 技术、不同高速缓存层次配置和 2D/3D 混合高速缓存等多种结构的性能和能耗情况。在本节中，我们将重点讨论混合高速缓存的设计。类似于基于区域的混合高速缓存结构（Region-based Hybrid Cache Architecture，RHCA），混合高速缓存也尝试将不同的存储技术应用到同一个层次的高速缓存。有关其他非相关的缓存设计的细节，读者可参考文献 [132]，本节不再赘述。

图 5-20 则展示了文献 [16] 中提出的混合高速缓存设计的例子。

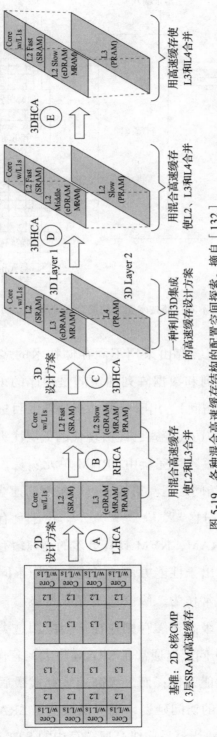

图 5-19　各种混合高速缓存结构的配置空间探索。摘自 [132]

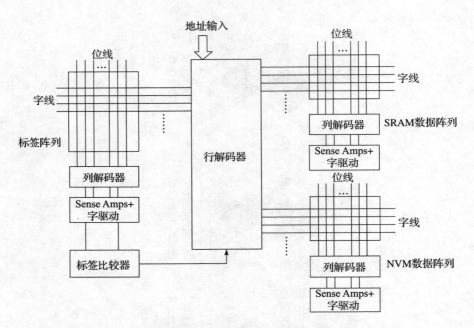

图 5-20   采用不同存储技术实现的混合高速缓存。摘自［16］

第一,一个混合高速缓存由采用不同存储技术的多个数据阵列组成。第二，标签阵列和数据阵列的访问是顺序的（即数据阵列要在标签阵列之后被访问）。出于降低动态功耗的目标，这种序列化的标签/数据阵列的访问模式已经被现代的低层次大型高速缓存广泛使用。第三，标签阵列完全由 SRAM 单元实现，目的是利用其相对 NVM 更小的访问延迟。第四，可以根据高速缓存路数粒度对混合高速缓存进行分区[16, 17, 76, 131, 132]。由于具有更高的存储密度，相较于同等 SRAM，NVM 具有更多的高速缓存路数，即高速缓存空间。最后，出于性能方面的考虑，采用不同存储技术构建的混合高速缓存通常作为二级高速缓存或是最后一级高速缓存出现在系统中，而一级高速缓存则往往不会应用这类设计。这是因为，NVM 的读写访问延迟通常比 SRAM 更大，若作为一级高速缓存会导致严重的性能开销；而二级高速缓存或最后一级高速缓存中的混合高速缓存的访问延迟，则可以被基于 SRAM 的一级高速缓存所掩盖。例如，当最后一级高速缓存中的 STT-RAM 发生缺失时，存储控制器将收到取数据请求。请求的数据能直接上传到上层高速缓存（一级高速缓存或二级高速缓存），而不用等他们被完全写入 STT-RAM 块后再上传。

尽管采用了这些设计思路，NVM 单元的低耐久性和高动态写能耗的缺点仍然会对混合高速缓存产生影响。本节将讨论利用定制策略来扬长避短地应用 NVM。与 5.2 节讨论的定制技术一样，混合高速缓存中使用的定制技术也能被分成粗粒度定制技术和细粒度定制技术两类。在 5.2 节中，我们首先讨论了粗粒度定制技术，如高速缓存路选择技术[1]和 DRI i-cache[107]。对于此类设计，在混合高速缓存设计中，可以在粗粒度级别执行更复杂的动态重构策略以减少漏电[16]。其次，5.2 节也讨论了面向 SRAM 高速缓存的高速缓存衰减的设计思路[77]——一种细粒度定制技术的典型代表。然而，对于采用不同内存技术实现的混合高速缓存而言，需要更复杂的技术来管理 SRAM 和 NVM 高速缓存块。例如，为了掩盖 NVM 模块的两个缺点：高动态写入能耗和低耐久性[16, 17, 76, 131, 132]，出现了 SRAM 和 NVM 高速缓存之间的自适应块部署及块迁移等技术（这两种技术和动态重构技术是正交的）。因此，粗粒度技术和细粒度技术可以一齐应用，从而同时优化性能、能效和耐久性。

5.5.1 粗粒度定制策略

即便使用了 STT-RAM 单元，在混合高速缓存的总能耗中仍然存在相当比例的漏电能耗（超过 30%）[16, 17, 76, 131, 132]。为了进一步降低漏电，研究者们探索了一系列面向混合高速缓存的动态重构技术。5.2 节介绍了一些基于 SRAM 高速缓存的重构技术，如高速缓存路选择技术[1]、门控 – Vdd[107]和高速缓存衰减[77]。本节将介绍动态可重构的混合高速缓存（Reconfigurable Hybrid Cache，

RHC)[16]，它为重配置混合高速缓存提供了一种更为高效的方法。

图 5-20 所示的 RHC 结构可以根据高速缓存的需求以高速缓存路为单位进行动态重构。图 5-21 说明了 RHC 中的电源门控设计如何实现动态重构。为了实现动态重构，RHC 引入了一个集中式电源管理单元（Power Management Unit，PMU）以发送睡眠/唤醒信号，以开关对应的 SRAM 路或 NVM 路。此外，SRAM 的标签/数据阵列中的每路功率门控电路均采用 NMOS 睡眠晶体管实现。这种设计中因位线到地的三个 NMOS 晶体管的堆叠效应大大减小了漏电[107]。在 RHC 中，同一高速缓存路径上的 SRAM 单元共享一个虚拟地，而不同高速缓存之间的虚拟地被隔开。这使得一个高速缓存路启动时，其他高速缓存路的关断不会对其产生影响。

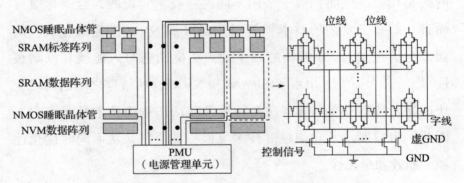

图 5-21   RHC 中的 PMU 和门控设计。摘自［16］

针对动态重构策略，文献［16］提出了以下关键问题：1）如何精确测量高速缓存访问需求；2）如何在不存在高速缓存抖动的情况下做出停机决策；3）如何处理混合数据阵列。图 5-22 展示了文献［16］中使用潜在命中计数器的方案。而这些潜在命中计数器就是通过计数发生在 SRAM 数据阵列或 STT-RAM 上的潜在数据命中来衡量高速缓存的需求。所谓潜在命中，是指高速缓存路开启时发生的命中，它可以通过比较当前访问的标签和关闭的高速缓存路中的标签来发现。潜在命中的设计思路与缺失标签（missing tag）[32] 和牺牲标签（victim tag）[137] 类似。为了解决混合数据阵列问题，RHC 提供了两个潜在命中计数器分别用于 SRAM 数据阵列和 STT-RAM 数据阵列。此外，两者的开 / 关门限是不同的。当一段时间内潜在计数器的计数值超过了规定的门限值时，整个高速缓存路就自动地被开启或者关闭。

为了缓解因关闭整个高速缓存路引起的高速缓存抖动问题，文献［16］提出了非对称开关策略。在该策略中，高速缓存通路的开启速度往往高于关闭速度。这是因为：1）在给定的时间段内，只有一个高速缓存路能被关闭，而当检测到高速缓存需求较高时，下一个时间段内 RHC 能同时开启多个高速缓存路；2）为了进一步降低抖动问题带来的影响，高速缓存路关闭响应速度被故意设置得较慢。例如，只有检测到持续的高速缓存低需求周期（如 10 个周期）时，高速缓存路关闭动作才会被激活。

文献［16］提出的 RHC 能在广泛的应用场景中实现，在保持系统性能（至多 4% 的性能损失）的情况下，实现能效提升。相比不可重构的基于 SRAM 的高速缓存、不可重构的混合高速缓存和可重构的基于 SRAM 的高速缓存，该设计分别能降低 63%、48% 和 25% 的能耗。

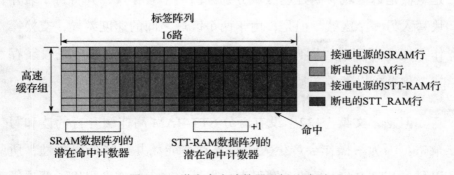

图 5-22　潜在命中计数器和标签阵列

5.5.2　细粒度定制策略

如 5.5 节所述,动态重构可以降低混合高速缓存的漏电功耗。但是,混合高速缓存中的非易失性存储器(NVM)块仍然存在两个缺点:高写入动态能耗和低耐久性。为了减少 NVM 块带来的弊端,用于混合高速缓存的细粒度定制策略已经被开发,例如数据映射和数据迁移。我们把这些策略分为三类:1)动态迁移方案[76,132];2)SW/HW 协同方案[17];3)动态映射和迁移方案[131]。

动态迁移方案

如图 5-23 所示,在文献[132]中作者首先提出了一种混合高速缓存的动态迁移方案。最初的目的是将频繁、重复使用的数据块从 NVM 迁移到静态存储器(SRAM),从而提高性能。图中的低延迟区域由 SRAM 缓存路组成,高延迟区域由许多 NVM 缓存路组成。文章中添加了三个新的部件为动态迁移提供体系结构支持。第一,低延迟区域中的粘贴位用于监测 SRAM 缓存路中的数据块最近是否被重用。第二,高延迟区域中的饱和计数器记录访问频率,即高延迟区域中一个存储块的"热度"。一旦饱和计数器达到饱和,如果没有置位 SRAM 块的粘贴位,则这个块可以迁移到同一缓存组中的其他 SRAM 块中;如果粘贴位已经被置位了,则不会发生迁移。然后进行清除粘贴位以及重置饱和计数器。第三,交换操作是从低延迟区域、高延迟区域分别读出两个缓存块,并将每个缓存块写入另一个区域。但是,由于两个区域之间的速度差异,交换操作不能立即完成,因此,设计一个交换缓冲区用来临时托管缓存块。读者可以参考文献[132]了解迁移策略的细节。

但是,文献[132]没有区分 STT-RAM 高速缓存行的读和写策略。因为写操作会产生大量写入动态能耗并且降低耐久性,所以写入 STT-RAM 行的开销很大。文献[76]的作者提出了两项管理策略来提高混合高速缓存的耐久性：组内重映射和组间重映射。
图 5-24 展示了这个工作中提出的混合高速缓存结构。

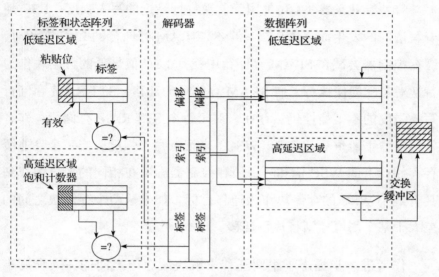

图 5-23　RHCA 中的块迁移方案。摘自［132］

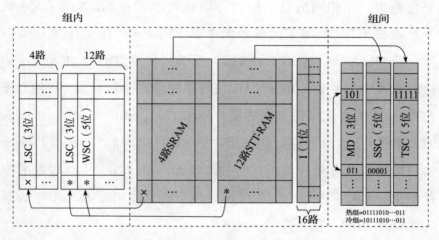

图 5-24　纯动态迁移方案：组内和组间迁移。摘自［76］

　　组内重映射的迁移可以分为两种：SRAM 存储行和 STT-RAM
存储行之间的数据迁移；STT-RAM 存储行（同一个组之中）之间
的数据迁移。SRAM 存储行和 STT-RAM 存储行之间的数据迁移有
助于将 STT-RAM 存储行中的写密集数据块迁移到 SRAM 存储行

中，而 STT-RAM 存储行内的数据迁移可以使同一组中 STT-RAM 存储行的写入强度更加平均。

行饱和计数器（LSC）用于监视每行最近的写入强度。LSC 随着写访问的发生而递增。当一个 STT-RAM 存储行的 LSC 饱和时，缓存控制器尝试在 SRAM 存储行中找到 LSC 值最低的数据块作为替换对象。即使执行了向 SRAM 存储行的迁移，STT-RAM 存储行写入强度的不平衡性仍然存在。对于每个 STT-RAM 存储行，作者使用磨损平衡饱和计数器（WSC）来记录写入强度。当一个高速缓存存储行上的 WSC 饱和时，缓存控制器尝试在相同的集合中找到具有最小 WSC 的存储块作为迁移目标。如果这两个存储块之间的差大于某个阈值，则将执行迁移。

作者进一步提出了组间迁移来解决缓存组之间的写入强度不平衡问题。由仅有最高 3 位标签不相同的 8 个高速缓存组构成一个合并组，在相同的合并组内可以执行组间迁移。STT-RAM 饱和计数器（TSC）用于测量该组中的 STT-RAM 存储行的写入强度，而 SRAM 饱和计数器（SSC）用于测量该组中的 SRAM 存储行的写入强度。合并目标（MD）可以用来建立目标组（热组）和替换组（冷组）之间的双向链接。使用 TSC、SSC 和 MD，可以将 STT-RAM 存储行迁移到同一组中的 SRAM 存储行。数据替换算法和高速缓存存储行搜索算法的细节在文献［76］中。与基准配置相比，文献［76］中的工作可以使运行 PARSEC 基准程序的耐久性提高 49 倍，能耗降低 50% 以上。

SW/HW 协同方案

文献［17］利用体系结构支持和编译器提示来减少混合高速缓存的能耗和提高其耐久性。该协同方案通过缓存块的初始映射和使用动态迁移改变缓存块非最优初始映射的方法来提升混合高速缓存的耐久性并降低能耗。

该组合方案利用了编译器分析和基于硬件的运行支持的优点。静态编译器可以提前分析内存访问模式，从而产生一个最优数据映射的全局数据版图。但是，静态分析有三个局限。第一，编译器不能准确捕捉动态行为，如物理地址映射和缓存块替换。第二，提供编译器提示的工具自身的局限性，即它很难在操作系统内核层次提供预编译库或系统调用的提示。第三，如果代码不规则将很难提供准确的分析。因此，Chen 等人利用硬件支持捕捉动态行为[17]。

编译器提示和硬件中监测到的 SRAM/STT-RAM 空间压力决定了块的初始映射。为了评估 SRAM/STT-RAM 空间压力，文献[17]的作者引入了两个额外的硬件结构：缺失标签和缺失标签计数器。他所提出的结构类似于在 AH-cache[32] 中使用的缺失标签和文献[16，137]中使用的牺牲标签。下面将介绍块的初始映射策略。通过 LLVM IR 分析从代码中间表示层获得编译器提示。所有变量的读写行为，特别是对于数组变量，都在中间表示层进行分析。然后在指令中嵌入一个两位的提示并将其发送到缓存控制器。这个两位的提示包括三种不同的编译器预测：频繁写入、非频繁写入和未知。结合两个数据阵列上的空间压力信息以及来自加载 / 存储指令的编译器提示，缓存控制器遵循表 5-2 中所示的策略来决定块的初始映射。一般来说，SRAM 的空间压力比较高时的策略是避免额外的缓存丢失，因而，此策略主要是性能驱动的。SRAM 的空间压力比较低时，采用尽量避免写入 STT-RAM 存储块上的策略，从而提高耐久性并减少写入能耗。

即使具备硬件支持，块的初始映射也可能是错误的。因此，使用动态迁移改变缓存块错误的初始映射，可以避免在特定块上过多的写入。它的迁移方案类似于 5.5.2 节（文献［76］的工作）讨论的 SRAM 和 STT-RAM 块之间的组内迁移。文献［17］的结果表明，与纯静态和纯动态方案相比，协同方案分别使耐久性提高了 23.9 倍和 5.9 倍。而且，与纯动态方案相比，系统能耗降低了 17%。

表 5-2　基于编译器提示和 SRAM/STT-RAM 空间压力的初始配置策略。摘自［17］

空间压力		编译器提示		
SRAM	STT-RAM	非频繁写入	频繁写入	未知
高	高	STT-RAM	SRAM	SRAM
高	低	STT-RAM	STT-RAM	STT-RAM
低	高	SRAM	SRAM	SRAM
低	低	SRAM	SRAM	SRAM

动态映射和迁移方案

在文献［131］中，作者提出了一种低成本的自适应映射和迁移策略，以便在混合高速缓存中将写密集数据块映射到 SRAM 存储行中。如文献［17］所述，该技术同时考虑了初始映射和迁移。作者将 LLC 写入访问分为三类：核写入、预取写入和需求写入。核写入是指写请求来自于处理器核。写穿透核缓存是指数据从核直接写入 LLC。写回核缓存是将从核缓存中清除的脏数据写回到 LLC。预取写入请求是指预取缺失导致的 LLC 发生替换所引发的写入。需求写入是指需求缺失时导致的 LLC 发生替换所引发写入。

除了这三种类型的写入之外，作者还提出了用读取范围（RR）和深度范围（DR）来表征存储器访问模式。读取范围用于记录需求写入和预取写入。读取范围是指从数据块被取入到 LLC 再到这个数据块从 LLC 清除之间的时间，称为块连续读取的最大时间间隔。深度范围则服务于核写入操作，它记录了从当前核写入到下一个核写入访问块的最大时间间隔。图 5-25 显示了一个高速缓存块 a 进入一个 8 路组相联缓存到它被清除过程的例子。在定义了读取范围和深度范围之后，作者进一步将读取 / 深度范围分为三类：1）零读取 / 深度范围，2）立即读取 / 深度范围，3）长间隔读取 / 深度范围。零读取 / 深度范围指数据块被清除之前不会被再次读取或者写入。如果读取 / 深度范围小于或等于 2，则为立即读取 / 深度范围。如果读取 / 深度范围大于 2，则为长间隔读取 / 深度范围。

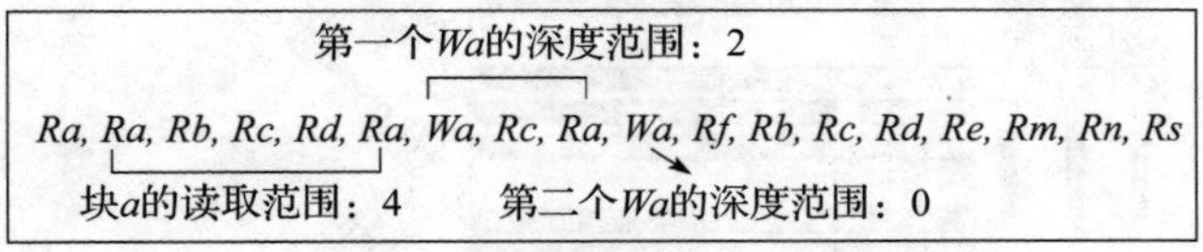

第一个Wa的深度范围：2

Ra, Ra, Rb, Rc, Rd, Ra, Wa, Rc, Ra, Wa, Rf, Rb, Rc, Rd, Re, Rm, Rn, Rs

块a的读取范围：4   第二个Wa的深度范围：0

图 5-25　解释读取范围和深度范围的例子。摘自 [131]

图 5-26 显示了每种 LLC 访问类型的访问模式分布。动态映射和迁移策略是基于图 5-26 设计的。对于预取写入访问，零读取 / 深度范围和立即读取 / 深度范围类型的预取写入块占所有预取写入块的 82.5%。因此预取写入的块最初应映射在 SRAM 中。一旦一个块从 SRAM 中清除，如果它是长间隔读取 / 深度范围类的块，即它仍然处于有效生命周期内，那么应该把此块迁移到 STT-RAM 存储行中；否则，认为此块生命周期已过，将它从 LLC 中清除出去。

零读取 / 深度范围核写入访问应该在初始的高速缓存存储行中发生，这样可以避免读取缺失和块的迁移。立即读取 / 深度范围核写入访问是具有写突发行为的写密集访问，因此，最好把它们映射到 SRAM 存储行上。长间隔读取 / 深度范围核写入访问应该保留在最初的高速缓存存储行中，从而最小化迁移开销。

零读取 / 深度范围类型的块占所有需求写入块的 61.2%。这些块在文献中称为"到达即死亡"的块，即它们在被清除之前不会被再次访问。因此没有必要将零读取 / 深度范围类型的块放入 LLC 中，这些块应该绕过 LLC（假设此高速缓存为非包含高速缓存）。

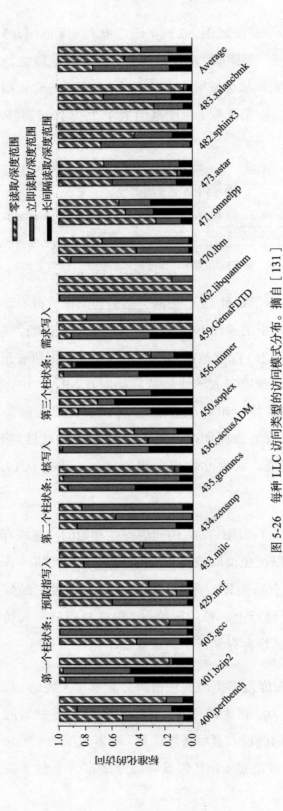

图 5-26   每种 LLC 访问类型的访问模式分布。摘自 [131]

对于立即读取／深度范围和长间隔读取／深度范围类型的需求写入块，作者则建议将它们放置在 STT-RAM 缓存路中，从而可以利用 STT-RAM 的大容量来减小 SRAM 的压力。读者可以参考文献［131］来了解所需的体系结构支持以及动态映射和迁移数据的策略流程图。根据［131］，与基于 SRAM 的 LLC 相比，混合 LLC 单线程工作负载的平均性能提高 8.0%，多线程工作负载的平均性能提升则可以达到 20.5%。而且，该技术分别使单线程和多线程工作负载的 LLC 功耗降低了 18.9% 和 19.3%。

Customizable Computing

第 6 章

互 连 定 制

6.1   引言

在讨论了计算单元和存储系统的定制后，下面探讨它们之间的通信基础设施。通信基础设施是一个关键部件，因为互连延迟和带宽直接决定着计算单元和内存系统是否能够达到设计的峰值性能。欠优化的互连设计可能降低定制的计算单元和存储器系统的利用率，并可能导致相应的芯片面积和能耗浪费。幸运的是，互连也有通过定制提升的潜力。我们观察到，各种应用程序之间的主要区别通常在于数据访问模式不同，而这些应用程序所需的计算功能则非常相似（如加法和乘法），不同的数据访问模式会导致互连拓扑和路由策略的优化方法不同。

互连架构可以从三个方面进行定制。第一，基于对目标应用的分析，可以在芯片设计时优化互连拓扑结构；第二，可以根据正在运行的应用程序的编译和运行时信息，在执行期间优化路由策略；第三，在新兴技术的推动下，底层互连介质可以通过将物理属性匹配应用属性的方式来优化。下面将进行更详细的讨论。

6.2   拓扑定制

根据特定场景，互连系统拓扑定制的设计方法包括以下类别。第一类是针对特定应用的拓扑合成方法[99, 106]，该方法用于专用集成电路设计，使用不规则拓扑结构的互连基础设施为某一应用进行完全定制；第二类是使用可重构的快速数据通路[10, 93, 100, 126]，该方法用于针对特定应用的处理器设计，其中互连仍然基于规则的拓扑结构，但在特定位置增加了额外的快捷数据通路以适应特定领域应用的特殊通信模式；第三类是部分交叉开关合成和重构方法，该方法用于富加速器的处理器设计。在前端设计期间，我们根据加速器的不同行为来定制互连拓扑。在运行期间，我们将根据用户应用程序激活加速器的情况来重构互连拓扑。

6.2.1　针对特定应用的拓扑合成方法

特定应用的拓扑合成方法的输入通常是"通信约束图"或"应用程序特征图"。在这些图中，每个顶点代表一个处理器核，每个有向边表征从一个顶点到另一个顶点的数据传输，每对顶点之间的通信量和所需带宽由权重表示。合成流的输出是针对目标应用的通信图而定制的网络拓扑，其优化目标是最大化吞吐量或最小化目标应用程序的能耗。在文献［106］和［99］中提出了解决这个问题的两个例子。在文献［106］中，几位作者提出了一种新颖的方法来设计计算单元系统的互连，单元之间的交互是从抽象的角度来说明的，作为一组点对点单向虚拟通道，通过抽象出每个模块的具体功能，便可以探索各种可能的通信拓扑结构，这些拓扑结构包括一系列包含"无源元件"（链接）以及"有源元件"（中继器，开关）的库元件，每一个都带有一个固定成本函数，用于捕获应用程序的最佳优化指标。然后，又提出了两种有效的拓扑合成的启发式算法，这一基于最优化问题的分解可以分为两步：1）使用线性规划快速计算满足使用一组共享通信介质并满足一定约束条件的通信开销，2）使用两种聚类算法来区分约束集。在文献［99］中，作者们分析了经常遇到的通用通信原语，如闲话（多对多通信）、广播（一对多）和多播（一对多）。他们提出了一种使用上述原语作为字母表区分任意给定通信模式的方法。在满足其他设计约束条件的前提下，该算法在整个设计空间中搜索最小化系统总能量的解决方案。使用基准高级加密标准（AES）作为基准测试程序，相比于常规网状结构，通过该方法生成的定制互连结构的吞吐量增加了36%，同时减少了51%的能耗。

尽管在可定制片上系统（CSoC）平台上，几乎不可能为每个应用程序综合并部署一个针对特定应用程序的拓扑结构，但可以将一个特定应用的拓扑结构嵌入一个传统的片上网络（NoC）上，从而优化特定应用的执行过程。作为例子，文献［83］针对快速虚拟通道（EVC）这一对象，提出了一个有效的流量控制机制，允许数据包以非推测的方式绕过路径上的中间路由器，从而减少了数据包的能量 / 延迟，并同时提高 NoC 吞吐量。在最近的一项工作［30］中，作者发现，在富加速器的体系结构中，加速器 - 内存访问表现出可预测的模式，从而可以为每个应用程序创建高度利用的网络数据通路。因此，他们提出了一种基于全局加速器管理的方法，来实现预留 NoC 数据通路——通过 TLB 缓冲和混合交换来对通信流量进行额外调节。这些组合优化的效果使基于分组交换的 NoC 和使用 EVC 优化技术的 NoC 作为底层互连的应用程序的总执行时间减少。

6.2.2　可重构快速数据通路

自适应快速数据通路允许选择性地为应用程序的关键通信流量提供带宽，从而能够通过更简单的网状结构得到较高性能。快速数据通路模块可集成在片上网络之上，提供单周期快速通路，加速从一组源路由器到一组目标路由器的通信。我们将这组源路由器和目的路由器称为启用快速数据通路的路由器。注意这些类型的路由器可以通过高级物理介质（包括射频设备和光设备）更高效地实现，这部分将在 6.4 节讨论。例如，在一个网状拓扑结构中，标准路由器有 5 个输入 / 输出端口，这些端口承载来往于北、南、东、西相邻路由器的流量，还有一个本地计算单元，如缓存或处理器核（附在第五个端口）。为了将快速数据通路添加到网状结构的 NoC 中，每个启用快速数据通路的路由器必须被赋予第六个端口，该端口将其连接到发送器（如果它是源路由器）、接收器

（如果它是目的路由器）或同时连接到两者（如果是发送和接收快速数据通路）。当网格扩展到包含快速通路时，需要从 XY 路由切换到最短路径路由。为了实现可重构的片上网络，必须改变网络中存在的一组快速通路，以便修改源和路由器集合以匹配当前的网络的通信需求。实现此目的的基本方法是调整每个激活快速通路的路由器上选定的发送器和接收器，以便在同一频段上发送和侦听，从而建立快速连接。然而，重构的灵活性也带来了两个开销：发送器和接收器之间的频段仲裁，以及将生成的快速数据通路进一步集成到网络数据包路由。

文献［10］中的工作使用了一个粗粒度的仲裁方法：在整个应用程序执行期间建立快速数据通路，从而使得重构的成本通过大量时钟周期进行摊销。体系结构层的重构涉及以下步骤。1）快速数据通路的选择——必须确定哪些通路会增加拓扑的不规则性。这可以由应用程序撰写者或编译器提前完成，也可以在运行时由操作系统、管理程序或硬件本身完成。2）发送器／接收器调谐——基于快速通路选择，拓扑中的每个发送器或接收器将被调整为特定的配置（或完全禁用）以实现数据快速通过。3）路由表更新——必须建立新路由并将其写入所有网络路由器的路由表中，以适应新的可用路径。如果所有网络路由器并行更新，并且每个路由表都有一个单一的写入端口，则需要 99 个周期来更新网络中的所有路由（网络中每个路由器的写入周期为 1）。由于这项工作考虑了 NoC 的每个应用程序的重构，此项开销很容易与其他的上下文切换活动重叠，并且不会增加应用程序的启动延迟。

图 6-1a 展示了一个叠加一组快速路径路由通路的传统的网状拓扑结构。运用该结构，这项工作将启用快速通路的路由器的数量限制在全部路由器的一半（50 个路由器）。在这个图中，路由器与一组快速路由通道使用对角线连接，用贯通网状结构的单一粗

线回环来表示。

要为每个应用程序（或每个工作负载）动态地重构一组快速数据通路，应用程序通信统计信息可以被引入到成本中。直观上，该公式的目标是加速应用程序使用频率最高的通信路径，并以这些路径对应用程序性能至关重要为前提假设。为了识别这些路径，这项工作利用网络中的事件计数器快速收集信息，路由器间的通信频率可以作为指标之一。从给定的路由器 X 到另一个路由器 Y，统计从 X 到 Y 发送的消息的数量，以此作为通信的频繁程度的代表。为了标定这种方法的益处，先假定该配置文件可用于它希望运行的应用程序，然后快速数据通路选择算法的目标是最小化 $\sum_{x,y} F_{x,y} W_{x,y}$，其中 $F_{x,y}$ 是从路由器 x 发送到路由器 y 的消息总数，$W_{x,y}$ 是 x 和 y 之间最短路径的长度。可以使用文献［10］中的启发式方法来求解这一优化问题。图 6-1b 给出了根据特定应用程序动态配置快速数据通路的例子。［10］中的实验结果表明，自适应快速数据通路的使用可降低 65% 的片上网络功耗开销，并维持原有性能。

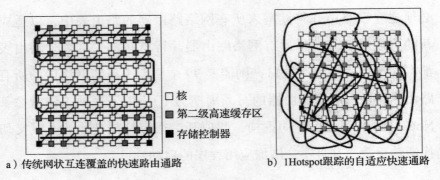

核
第二级高速缓存区
存储控制器

a）传统网状互连覆盖的快速路由通路　　　　b）1Hotspot 跟踪的自适应快速通路

图 6-1　摘自［10］

6.2.3　局部交叉开关合成与重构方法

以上讨论主要针对为加强以 CPU 为核心的架构而设计的传统

互连。这些互连的有效性基于的假设是，每个 CPU 内核每隔几个时钟周期执行一次加载 / 存储操作。因此，如图 6-2a 的简单互连方式可以在不降低性能的情况下，在 CPU 之间交替仲裁数据通道。

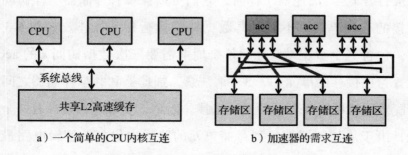

a）一个简单的CPU内核互连   b）加速器的需求互连

图 6-2　通用 CPU 内核和加速器之间的内存共享差异。

相比之下，加速器的运行速度可能比 CPU 快 100 倍以上[67]，每个加速器需要在每个时钟周期内执行多次加载 / 存储操作。加速器和共享存储器之间的互连需要高速度、高带宽，还需要包含许多无冲突的数据通道，以防止加速器数据不足，如图 6-2b 所示。如果一个加速器每个周期都要获取 n 个数据，则需要至少有 n 个端口。加速器的 n 个端口需要通过互连中的 n 个无冲突数据路径连接到 n 个存储体。

常规互连系统设计的另一个问题是对加速器之间的互连通道仲裁是在每个数据访问时执行的。当数据包通过多个路由器时，传统的 NoC 设计甚至会在单个数据访问中执行多个仲裁。虽然加速器可以有效地执行计算，但无法减少必要的数据访问，所以在每次数据访问期间，互连仲裁所消耗的额外能量成为主要问题。此外，对每个数据访问的仲裁也会导致非常大的非预期的延迟开销。由于加速器主动地将许多操作（计算和数据访问）安排到每个时隙[36]，任何数据访问的延迟响应都会使许多操作停顿并导致显著的性能损失。加速器设计多数更倾向于固定其数据访问延迟以保持其预先设定的性能，因此很多加速器[89]不得不放弃内存共享。

文献［40］的工作将互连设计为一个可配置的交叉开关，如图 6-3 所示，交叉开关的配置仅在加速器启动时执行。每个存储单元将被配置为只与一个加速器相连接（只有一个连接存储单元的开关被打开）。当加速器工作时，它们可以像私有存储器一样访问其连接的存储单元，不再对其数据路径执行仲裁操作。如图 6-3 所示，包含三个数据端口（即每个周期需要三次数据访问）的 acc 1配置为连接存储单元 1 ～ 3。请注意，加速器和共享存储器之间的可配置网络可以有不同的设计选择。但是，交叉开关设计有一个好处，由于从加速器端口到存储单元的路径中包含的逻辑电路最少（仅一个交换机），因此有助于最大限度地减少数据访问延迟。它在FPGA 中可以只产生一个时钟周期的访问延迟，从而使得访问共享存储器的时间与访问加速器中的私有存储器的时间完全相同。

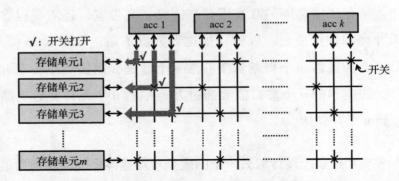

图 6-3 将互连设计为加速器和共享存储器之间的可配置交叉开关，以保持数据访问的低成本。摘自［40］

交叉开关设计的主要目标是，对于任何一个富加速器的平台，开启 t 个存储单元供加速器访问，能够找到可行的交叉开关配置来保证数据同时访问 t 个数据端口的存储单元。将每个加速器端口连接到每个存储单元的完整交叉开关这一解决方案并不理想，因为这种做法非常耗费面积。研究人员希望找到一种稀疏填充的交叉开关设计（例如图 6-3）来实现高度的可路由性。可路由性的定义如下。

定义 6.1　假设富加速器平台中的加速器总数是 k；加速器的数据端口数为 n；平台中存储单元的数量为 m；并且在暗硅下，可以开启的加速器的最大数目是 c。交叉开关的可路由性被定义为：从总的 k 个加速器中随机选择 c 个加速器，其工作负载可以通过交叉开关中 $c×n$ 个独立数据路径被路由到 $c×n$ 个存储单元。其目标是在保持高可路由性的同时为保证最小化交换数目而最优化交叉开关。

设计人员可以在富加速器的平台中寻找三种优化机会，并利用它们开发加速器和共享存储器之间的新型互连结构：

- 一个加速器包含多个数据端口，而在互连设计中，与来自不同加速器的端口相比，来自同一加速器的端口之间的关系应该得到不同处理。可以使用两步优化，而不是在一个过程中全局优化所有加速器的所有端口。在所有加速器一起优化之前，识别并移除加速器的许多不必要的连接。
- 由于暗硅问题的存在，在富加速器的平台上，只有有限数量的加速器可以开启。互连可以被部分启动，以适应由功率预算限制的数据访问需求。
- 加速器是异构的。如果服务于同一个应用，一些加速器将会有更大的开启或关闭机会。这种信息可以用来定制互连设计，以消除潜在的数据通路冲突，并使用更少的晶体管来达到相同的效率。

文献［40］中的实验结果表明，与针对 CPU 内核优化的传统片上网络相比，加速器的交叉开关定制可以节省 15 倍的面积开销并达到 10 倍的性能提升。

6.3　路由定制

根据目标场景，路由定制的设计方法有以下几种。第一种是针对不同应用的无死锁路由[37, 103]。它用于设计以 CPU 为中心的体系结构，其中，在互连上传输数据包所需要的时钟周期数是不确定的，我们只能在接收到数据包时优化每个路由器的路由策略。第二种是数据流合成技术[33]。它用于特定的加速器设计中，其中数据流优化的目的是获得最小的面积和能量消耗。

6.3.1　应用感知的无死锁路由技术

特定应用互连的发展导致了不规则的拓扑结构。然而，对于不规则拓扑互连的高效无死锁路由，则仍然是一个悬而未决的问题。

处理不规则互连中的死锁有两种主要方法。第一类方法基于文献［48］的理论。它将 NoC 划分为两个虚拟网络（VN）：完全自适应（无路由限制）和无死锁（具有路由限制）路由。网络数据包首先在全自适应 VN 中路由，并且在全自适应 VN 中没有可用资源时被移动到无死锁 VN。最近的一个例子是文献［10］中使用的死锁检测和恢复方法。然而，由于嵌入式系统领域中的大多数可定制片上系统都是功耗受限的，因此为每个物理通道引入两个虚拟通道的功率开销是非常明显的。此外，该方法适用于通用计算架构而没有考虑应用程序本身的信息。

第二类方法通过施加路由限制来处理不规则互连中的无死锁路由问题，例如转弯禁止算法[120]和 "south-last" 路由[100]。它们在不考虑应用特定通信模式的情况下限制路由，因此可能增加通信节点之间的路由选择距离。文献［103］首先提出基于应用程序的通信需求来移除依赖关系，使用启发式贪心算法，尽可能详尽地列举所有可能的信道依赖周期的组合，因此无法扩展到大型互连系统设计中。事实上，具体的设计不可能通过单向链路断开网络而使信道依赖图处于非循环的方式。文献［103］中仅考虑两个节点之间是否存在通信，不考虑并发通信，也不考虑传输数据量级的大小，这可能导致算法出现次优解。因此，需要在不规则的互连中找到功率和性能之间（即在这两种方法之间）的最佳平衡点。我们希望找到一种方法来避免限制互连中的关键路由路径，同时不会显著增加互连的功耗。文献［37］的工作提出了针对这个问题的一种特定于应用的循环消除和分割（ACES）方法。它首先使用全局优化开发可扩展算法，保证特定应用通信模式的网络可达性的同时，消除尽可能多的信道依赖性周期，然后使用虚通道分割小部分时钟周期（如果有的话）。通过确保大量通信节点之间使用最短路径来维持网络性能（低延迟）。此外，由于可能存在拆分通道，所以采用路由表构造和编码方法来最小化 ACES 的硬件开销。

图 6-4a 给出了 ACES 框架的概述。该框架以应用程序特征图（APCG）和拓扑图（TG）为输入，如图 6-4b 所示。信道依赖图（CDG）是基于给定的 TG 构建的，没有任何路由限制，如图 6-4c 所示。从 APCG 和 CDG 开始，通过将信道依赖性与特定应用的通信模式相加来构建一个初始的特定于应用的信道依赖关系图（ASCDG），如图 6-4d 所示。随后执行启发式算法以去除不属于频繁通信路由的信道依赖。如果算法用非循环 ASCDG 结束，虚拟信道分割则被绕过不执行。否则，必须保持剩余的通信环路以保持网络连通性；因此，需要使用分割虚拟通道来打破这些剩余的环路。此外，由于特定于应用的互连通常使用路由表来引导路由器路由网络数据包[57]，所以可以通过最终的非循环 ASCDG 构造和编码路由表来最小化 ACES 的硬件开销。在运行时，生成的路由表将在应用程序开始执行时加载到路由器中。图 6-4e 和图 6-4f 之间的比较展示了 ACES 的优势。在不考虑应用通信模式的情况下，

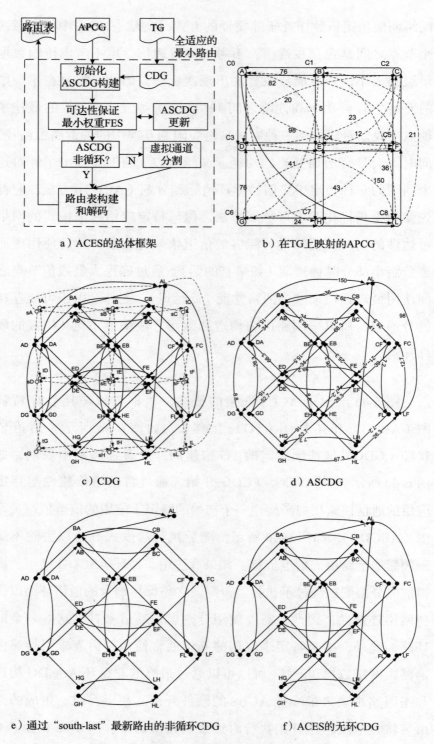

a）ACES的总体框架

b）在TG上映射的APCG

c）CDG

d）ASCDG

e）通过"south-last"最新路由的非循环CDG

f）ACES的无环CDG

图 6-4　举例说明 ACES 路由优化。摘自［37］

图 6-4e 中给出了由"south-last"路由算法生成的非周期性 CDG，使用快速数据通路被从 AL 到 LH / LF 禁止向南转向所限制。从 A 到 L 的快速数据通路被扩充，以优化应用的拓扑结构。但是通过应用南端路由，严格地限制了快速数据通路的使用。图 6-4f 显示了由 ACES 生成的非循环 CDG 的过程，其中只有从不使用或很少使用的通道依赖边被删除。应该注意的是，在 ASCDG 中打破周期的同时应该保证可达性，即对于应用程序的每对通信节点，至少存在一个从源节点到目的节点的有向路径。

在文献［37］中的实验结果表明，ACES 可以在维持大致相同的网络性能的同时将 NoC 功率降低 11% ～ 35%，或者以轻微的 NoC 功率开销（–5% ～ 7%）将网络性能提高 10% ～ 36%。

6.3.2   数据流合成方法

在服务于特定应用程序的加速器中，可以为每个应用程序完全定制互连系统的数据流。在设计期间，可以决定何时从片外获取数据，何时将数据从一个缓冲区移动到另一个缓冲区，以及何时将数据发送到计算单元。合成的目标是在任何时钟周期上都不会产生流量冲突的前提下，最小化片外访问和片上缓存逻辑。数据流合成的方法随不同数据访问模式的应用程序而变化。我们将以一种十分普及的应用领域为例说明——模板计算。

模板计算是许多应用领域中的一类重要内核，如图像处理、多网格方法中的组成内核以及偏微分方程求解器。这些内核经常为这些应用程序中的大多数工作负载提供高性能计算。即使在最近用于通用应用程序开发的内存分区技术［87, 130］中，所用的所有基准实际上都是模板计算。

在模板计算中访问的数据元素位于通常超过片上存储器容量

的大型多维网格上。在模板窗口在网格上滑动的同时进行迭代计算。在每次迭代中，计算内核访问模板窗口中的所有数据点以计算输出。网格形状和模板窗口都可以是任意的，由给定的模板应用程序指定。模板计算的精确定义可以在文献［34，70］中找到。

代码清单 6-1 显示了医学成像内核"DENOISE"中的模板计算的一个示例。

代码清单 6-1　典型模板计算的 C 代码示例（医学成像内核"DENOISE"中的 5 点模板窗口[38]）

```
void denoise2D( float A[768][1024],
                float B[768][1024] )
{
    for( int i = 1; i < 767; i++ )
        for( int j = 1; j < 1023; j++ )
            B[i][j] =
                pow(A[i][j] − A[i][j−1], 2) +
                pow(A[i][j] − A[i][j+1], 2) +
                pow(A[i][j] − A[i−1][j], 2) +
                pow(A[i][j] − A[i+1][j], 2);
}
```

它的网格形状是一个 768×1024 的矩形，其模板窗口包含 5 个点，如图 6-5 所示，需要在每次迭代中访问 5 个数据元素。另外，在这些迭代中，许多数据元素将被重复访问。例如，当 $(i, j) \in \{(1, 2), (2, 1), (2, 2), (2, 3), (3, 2)\}$ 时，$A[2][2]$ 将被访问 5 次。这会引发高的片上存储器端口争用和片外流量，尤其是当模板窗口很大时（例如，文献［97］中提出的用于计算减少的模板应用的环路融合之后）。因此，在模板应用的硬件开发过程中，大量的工程工作花费在数据重用和内存划分优化上。

文献［33］中的工作使用一种互连链式结构，如图 6-6 所示，是为代码清单 6-1 中的模板计算而生成的。假设模板窗口包含 n 个点（代码清单 6-1 的例子中，$n = 5$）。存储系统将包含 $n - 1$ 个数据重用 FIFO 以及 n 个数据通路分割器和 n 个数据过滤器，如图 6-6 所示。

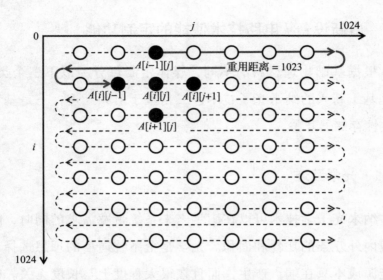

图 6-5　代码清单 6-1 中示例模板计算的迭代域。摘自 [33]

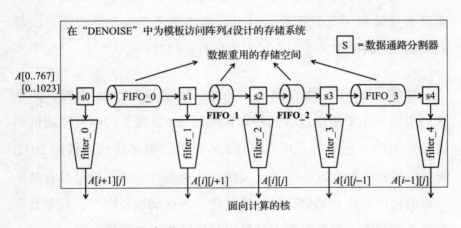

图 6-6　代码清单 6-1 模板计算中为阵列 A 生成的存储器系统的电
　　　　路结构示例。摘自 [33]

数据重用 FIFO 提供与传统数据重用缓冲区相同的存储，数据通路
分割器和过滤器作为内存控制器和数据互连结构。为满足 n 个数据
在每个时钟周期内在模板窗口中的访问，n − 1 个缓冲区和 n 个路
由器是模块计数的理论下界。在数据流合成之后，计算内核的每个
数据访问端口所需的数据可以由每个从其先前的 FIFO 同时接收数
据的 FIFO 提供。互连争用在这里完全消除。实验结果显示，在保
持相同网络性能的同时，此方法节省了 25% ～ 66% 的面积开销。

6.4 由新设备／电路技术使能的定制功能

根据基础物理材料的不同，媒体定制可分为以下三个类别：一是基于新兴的纳米光子技术，二是基于射频互连，三是基于非易失性存储器开关。

6.4.1 光学互连

纳米光子学技术可以在满足未来系统带宽需求的同时，降低堆栈内外互连的功耗和面积。光学是全系统通信的理想选择，因为能源成本只在端点产生，而且在很大程度上与长度无关。密集波分复用（DWDM）使得多个单波长通信信道共享一个波导，从而显著地增加了带宽密度。最近，纳米光子学的发展表明，波导和调制／解调电路尺寸正在接近电缓冲和线路尺寸[88]。

文献[127]的作者提出了一种三维多核 NUMA 系统，该系统利用纳米光子通信进行到外部存储器或 I/O 设备的内核间通信和堆栈外通信。光子交叉开关将其 256 个低功率多线程内核用 20TB 每秒的带宽完全互连。交叉开关使得高速缓存一致性设计具有基本一致的栈内和内存通信延迟。通过光子连接到堆栈内存，只需要适度的电源要求，就可以为大容量内存提供前所未有的带宽。

6.4.2 射频互连

射频互连（或 RF-I）被认为是一种高集成带宽、低延迟的传统互连的替代方案。其优势已经在片外、板载通信以及片上互连网络中得到了证明[11]。片上 RF-I 通过在一组传输线上传输电磁波来实现，而不是通过导线传输电压信号。使用传统的电压信号时，必须对电线的整个长度进行充电和放电，以表示"1"或"0"，这耗费了大量的时间和能量。在 RF-I 中，电磁载波沿传输线连续发送。使用幅度与 / 或相位改变将数据调制到该载波上。通过在一条传输线上同时发送多个数据流，可以提高 RF-I 的带宽效率。这被称为多频带（或多载波）RF-I。在多频带 RF-I 中，在发射器（或Tx）侧有 N 个混频器，其中 N 是共享发射线路的发射器数量。每个混音器将单个数据流向上变频成一个特定的频道（或频段）。在接收器（Rx）侧，使用 N 个附加混频器将每个信号降频变换回原始数据，并使用 N 个低通滤波器（LPF）将数据与残余高频分量隔离。已有研究表明，RF-I 在延迟和功耗方面比传统的 RC 导线具有更好的扩展性能，与传统导线不同的是，它使得信号传输可以以有效光速传播，并可以在 0.3ns 内穿过 400mm^2 面积的芯片，而不是在重复的总线上以小于等于 4ns 的延迟传输。Chang 等人[11]使用 64 核 CMP 上的 RF-I 传输线实现了网状互连的快速数据通路。他们探索了自适应路由技术的潜力，从而避免由于快速数据通路的争用而导致瓶颈。

6.4.3　基于 RRAM 的互连

在可定制的体系结构中，计算单元、内存系统和互连可以被重新组合，成为服务于待执行的目标应用程序的加速器。重构后，互连上的数据通路将完全可定制，并在应用程序的整个执行过程中保持不变。这种互连中的路由器作为可编程交换机，可以配置为特定路由方向，而不是为每个数据包服务的动态路由。在传统的 CMOS 技术中，基于 SRAM 的传输晶体管是路由器实现的很好选择。

在新兴的非易失性存储器（NVM）的驱动下，它们也可以被基于 NVM 的交换机取代，如图 6-7b 所示。这些新兴的非易失性存储器的共同特性使得这种方案成为可能，也就是说，这些设备的两个端子之间的连接可以编程为打开或关闭，如图 6-7a 所示。通过施加特定的编程电压，两个端子之间的电阻可以在"接通"状态和"断开"状态之间切换。由于非易失性，编程的电阻值可以保持在工作电压下或无电源电压下。这种非易失存储器的使用节省了SRAM的面积以及构建路由选择开关的通路晶体管。在文献［41］中提供的一个例子使用了基于电阻式 RAM（RRAM）的互连结构。

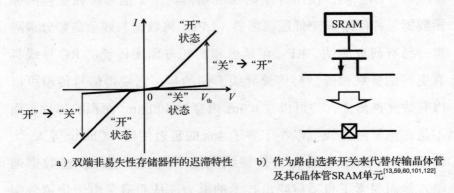

a) 双端非易失性存储器件的迟滞特性　　b) 作为路由选择开关来代替传输晶体管及其6晶体管SRAM单元[13,59,60,101,122]

图 6-7　基于 NVM 的交换机，摘自［41］

在文献［41］中，可编程互连由 3 个不相交的结构组成：

- 无晶体管可编程互连。
- 一个编程网格。
- 一个按需供给缓冲区架构。

这种组合从可编程互连中取走路由缓冲区，并把它们放在一个单独的架构中。无晶体管可编程互连对应于常规可编程互连中的基于 SRAM 的配置位和基于 MUX 的路由开关。它们仅由 RRAM 和金属线单独构建，置于 CMOS 晶体管上，如图 6-8所示。

在无晶体管可编程互连结构中，RRAM 和金属线堆叠在 CMOS晶体管上。这样的布局与传统可编程互连的布局非常不同，并将在非常严格的空间限制下实现。这项工作提供了对 RRAM 友好的布局设计，既解决了上述限制，也适用于下层的 CMOS 晶体管的占位面积。编程网格中的编程晶体管通过无晶体管可编程互连在 RRAM 之间高度共享。按需缓冲的体系结构提供了在实现阶段分配互连缓冲区的机会，允许利用应用程序信息来更好地分配缓冲区。值得注意的是，不相交结构的可行性以及上述所有改进的可行性，都是基于使用 RRAM 作为可编程开关。仿真结果显示，基于 RRAM 的可编程互连实现了 96% 的面积减小、55% 的性能提高和 79% 的功耗降低。

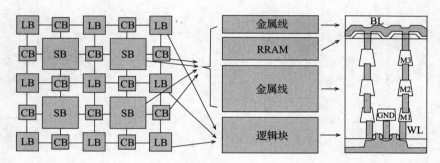

图 6-8　根据现有的 RRAM 制造结构[65, 117, 124, 129]，将无晶体管可编程互连中的开关块和连接块置于相同管芯中的逻辑块上。摘自 [41]

Customizable Computing

———

第 7 章

结 束 语

面临未来技术发展中可预见的缩放挑战，可定制片上系统（Customizable SoC，CSoC）处理器为帮助程序员达到这一要求提供了巨大支持。定制对 CSoC 设计的很多方面都大有裨益，包括核、存储和互连。

通过减少甚至是消除不必要的非计算子组件，定制的核和计算引擎可以极大地减少功率损耗。早期工作表明，在这一研究领域，核可以通过特殊的指令或者组件进行定制。更进一步的研究则表明，虽然富加速器设计会胜过通用处理器设计，但在适应性和灵活性上仍有发展空间，即可以进一步地通过编译时重构或运行时组合来增加设计寿命。未来在这一领域的研究将会继续探索如何迁移计算以使其靠近存储，构建位于或接近主存或硬盘的定制核和加速器。类似的嵌入式加速器不仅可以减少通信延迟和功率，还可以定制片上系统（SoC）以外的部件。

定制的片上存储是指针对特定应用的存储需求实现存储资源的专用化，包括从减少高能耗的组合方法到软件直接布局关键存储块以降低高速缓存的缺失。早期工作已经详细叙述了伴随着以不同功率 – 性能权衡为出发点的新兴存储技术的发展，可定制片上系统能够利用的常规存储资源。未来的研究工作将可能提供一系列不同的存储，从而可以根据不同的需求灵活映射到某一应用中。例如，低漏电功率的存储可以用于大容量只读存储器。

互连定制则允许根据特定应用的通信模式来调整片上网络。早期的研究展示了拓扑定制和路由定制的改进，但在提供具有高带宽、极低通信延迟以及可以跨越大型定制片上系统的交替互连中仍然存在极大的发展潜力。这一类互连仍然可以在加速并行代码的关键通信基元中发挥潜能，比如锁、互斥对象和屏障。伴随更快的同步和通信发展，我们发现越来越多的应用可以高效地利用可定制片上系统中不断增加的核和加速器。此外，随着定制核的计算功耗的增加，交替互连可能会成为为这些高性能核提供充足带宽的关键。

以上提到的大多数技术都是通过模拟器进行评估的。为了进一步验证可定制片上系统，文献［15，18］所展示的工作利用带有4个医学成像加速器的赛灵思 Zynq-7000 片上系统[133]实现了一个真实的 ARA 原型。Zynq 片上系统由一个双核 ARM Cortex-A9 和 FPGA 组织构成，可以用于实现可定制片上系统的加速器、互连和片上共享存储。表 7-1 展示了在 ARA 原型和最先进的处理器上实现降噪这一应用的性能和功率的对比结果[18]。该原型相比于最新的 Xeon 和 ARM 处理器，可以分别达到 7.44 倍和 2.22 倍的能效提升。文献［85］所报告的结论表明，FPGA 和 ASIC 的功率差异可以达到大约 12 倍。如果利用 ASIC 实现 ARA，与 Xeon 处理器相比预计可以达到 24 ~ 84 倍的能量节省。这对进一步验证可定制片上系统的有效性来说是令人振奋的一步。

表 7-1　ARM Cortex-A9、Intel Xeon（Haswell）和 ARA 的性能及功耗对比

	Cortex-A9	Xeon (OpenMP, 24 threads)	ARA
频率	667MHz	1.9GHz	Acc@100MHz CPU@667MHz
运行时间	28.34	0.55	4.53
功率	1.1W	190W (TDP)	3.1W
总能量	2.22 倍	7.44 倍	1 倍

尽管片上系统层的定制加速器和多核处理器的集成依然处于早期阶段（赛灵思 Zynq-7000 FPGA SoC[133]是这一趋势中的一个优秀案例），一些行业内领军企业（例如 Intel 和 IBM）已经开始利用 FPGA 组织在服务器层集成多核处理器。作为工业界的两个应用可定制计算的案例，Intel 的 QuickAssist 加速技术[73]和 IBM

用于 POWER8 的"一致加速器处理器接口"（Coherent Accelerator Processor Interface，CAPI）[72]两个产品都允许用户将具体应用中计算密集型的核部署到基于 FPGA 的加速器上。

QuickAssist 是一个双插槽系统，其一是 Intel 的 Xeon 处理器，另一个是 Altera 的 FPGA。在 Xeon 处理器主机上启动的应用可以通过 Intel QPI 与 FPGA 上的加速器处理单元（AFU）交换数据。FPGA 的数据将与 Xeon 处理器的最后一级高速缓存（LLC）保持一致。为达到这一目标，FPGA 实现了一个负责与 LLC 通信的 QPI 高速缓存代理，这就意味着它可以使用与 Xeon 处理器相连的全部主存。相关的 API 也可以提供给用户以用于开发特定的应用。

IBM 的 CAPI 也支持用户将计算密集型任务部署到特定的加速器上执行。CAPI 和 QuickAssist 最主要的区别在于，CAPI 系统使用了基于 FPGA 协处理器的 PCIe。CAPI 系统同样提供了对高速缓存一致性的支持。POWER8 处理器中的"一致性加速器处理器代理"（Coherent Accelerator Processor Proxy，CAPP）单元维护着片外加速器所有高速缓存行的目录。而在 FPGA 上则搭建了一个 POWER 服务层（POWER Service Layer，PSL），用于与 POWER8 处理器通信。应用可以根据需求成为加速器的控制者或者从属者。

事实上，虽然本书主要关注片上部件的定制，但也有很多令人激动的工作利用了超越单芯片层次的定制化和专用化。例如，FPGA 和 GPU 作为协处理器被广泛用于很多应用（例如文献 [22，69，90]）。最近，微软的 Catapult 项目在数据中心层级上使用超过 1600 个带有 FPGA 的 CPU 服务器来加速 Bing 的搜索引擎。此外，也有很多工作希望能够将加速器移入或靠近 DRAM 或者存储系统以实现加速（例如文献［46，102］）。最后，可定制互连（如RF 互连）也可以用于片外通信（例如文献［79］）。

　　显然，定制可以在很多层次实现——芯片层、服务器节点层甚至数据中心层。在各个层次都存在很多研究机会。例如，在芯片层，如何针对特定的应用领域自动化地配置最优加速器构建模块（ABB）组合是一个开放性问题。而在 4.4.3 节中提到的加速器模块是手动选择的。在服务器节点层，为主机和加速器存储之间提供透明一致性支持所带来的收益和代价始终没有得到很好的解释。在数据中心层，智能的运行时资源管理系统对于实现不同工作或同一工作的不同任务间高效的加速器共享是十分重要的。我们希望本书能够作为一个起点，在这一令人兴奋的领域中激励更多新的研究。

Customizable Computing

———

参 考 文 献

[1] D. H. Albonesi. Selective cache ways: On-demand cache resource allocation. In *Proceedings of the 32Nd Annual ACM/IEEE International Symposium on Microarchitecture*, MICRO 32, pages 248–259, Washington, DC, USA, 1999. IEEE Computer Society. DOI: 10.1109/MICRO.1999.809463. 41, 43, 44, 60, 61

[2] K. Atasu, O. Mencer, W. Luk, C. Ozturan, and G. Dundar. Fast custom instruction identification by convex subgraph enumeration. In *Application-Specific Systems, Architectures and Processors, 2008. ASAP 2008. International Conference on*, pages 1–6. IEEE, 2008. DOI: 10.1109/ASAP.2008.4580145. 20, 23

[3] T. M. Austin and G. S. Sohi. Zero-cycle loads: Microarchitecture support for reducing load latency. In *Proceedings of the 28th Annual International Symposium on Microarchitecture*, MICRO 28, pages 82–92, Los Alamitos, CA, USA, 1995. IEEE Computer Society Press. DOI: 10.1109/MICRO.1995.476815. 52

[4] A. Baniasadi and A. Moshovos. Instruction flow-based front-end throttling for power-aware high-performance processors. In *Proceedings of the 2001 international symposium on Low power electronics and design*, pages 16–21. ACM, 2001. DOI: 10.1145/383082.383088. 16

[5] C. F. Batten. *Simplified vector-thread architectures for flexible and efficient data-parallel accelerators*. PhD thesis, Massachusetts Institute of Technology, 2010. 20

[6] C. J. Beckmann and C. D. Polychronopoulos. Fast barrier synchronization hardware. In *Proceedings of the 1990 ACM/IEEE conference on Supercomputing*, pages 180–189. IEEE Computer Society Press, 1990. DOI: 10.1109/SUPERC.1990.130019. 19

[7] S. Borkar and A. A. Chien. The future of microprocessors. *Communications of the ACM*, 54(5):67–77, May 2011. DOI: 10.1145/1941487.1941507. 1, 2

[8] A. Buyuktosunoglu, T. Karkhanis, D. H. Albonesi, and P. Bose. Energy efficient co-adaptive instruction fetch and issue. In *Computer Architecture, 2003. Proceedings. 30th Annual International Symposium on*, pages 147–156. IEEE, 2003. DOI: 10.1145/871656.859636. 16

[9] C. Bienia et al. The PARSEC benchmark suite: Characterization and architectural implications. Technical Report TR-811-08, Princeton University, 2008. DOI: 10.1145/1454115.1454128. 2

[10] M.-C. F. Chang, J. Cong, A. Kaplan, C. Liu, M. Naik, J. Premkumar, G. Reinman, E. Socher, and S.-W. Tam. Power reduction of CMP communication networks via RF-interconnects. *2008 41st IEEE/ACM International Symposium on Microarchitecture*, pages 376–387, Nov. 2008. DOI: 10.1109/MICRO.2008.4771806. 69, 71, 72, 75

[11] M. F. Chang, J. Cong, A. Kaplan, M. Naik, G. Reinman, E. Socher, and S.-W. Tam. CMP network-on-chip overlaid with multi-band RF-interconnect. *2008 IEEE 14th International Symposium on High Performance Computer Architecture*, pages 191–202, Feb. 2008. DOI: 10.1109/HPCA.2008.4658639. 81

[12] C. Chen, W. S. Lee, R. Parsa, S. Chong, J. Provine, J. Watt, R. T. Howe, H. P. Wong, and S. Mitra. Nano-Electro-Mechanical Relays for FPGA Routing : Experimental Demonstration and a Design Technique. In *Design, Automation and Test in Europe Conference and Exhibition (DATE)*, 2012. DOI: 10.1109/DATE.2012.6176703. 42

[13] C. Chen, H.-S. P. Wong, S. Mitra, R. Parsa, N. Patil, S. Chong, K. Akarvardar, J. Provine, D. Lewis, J. Watt, and R. T. Howe. Efficient FPGAs using Nanoelec-

tromechanical Relays. In *International Symposium on FPGAs*, pages 273–282, 2010. DOI: 10.1145/1723112.1723158. 82

[14] Y. Chen, W.-F. Wong, H. Li, and C.-K. Koh. Processor caches built using multi-level spin-transfer torque ram cells. In *Low Power Electronics and Design (ISLPED) 2011 International Symposium on*, pages 73–78, Aug 2011. DOI: 10.1109/ISLPED.2011.5993610. 58

[15] Y.-T. Chen, J. Cong, M. Ghodrat, M. Huang, C. Liu, B. Xiao, and Y. Zou. Accelerator-rich cmps: From concept to real hardware. In *Computer Design (ICCD), 2013 IEEE 31st International Conference on*, pages 169–176, Oct 2013. DOI: 10.1109/ICCD.2013.6657039. 86

[16] Y.-T. Chen, J. Cong, H. Huang, B. Liu, C. Liu, M. Potkonjak, and G. Reinman. Dynamically reconfigurable hybrid cache: An energy-efficient last-level cache design. In *Proceedings of the Conference on Design, Automation and Test in Europe*, DATE '12, pages 45–50, San Jose, CA, USA, 2012. EDA Consortium. DOI: 10.1109/DATE.2012.6176431. 42, 58, 59, 60, 61, 62, 65

[17] Y.-T. Chen, J. Cong, H. Huang, C. Liu, R. Prabhakar, and G. Reinman. Static and dynamic co-optimizations for blocks mapping in hybrid caches. In *Proceedings of the 2012 ACM/IEEE International Symposium on Low Power Electronics and Design*, ISLPED '12, pages 237–242, New York, NY, USA, 2012. ACM. DOI: 10.1145/2333660.2333717. 42, 58, 59, 60, 61, 63, 65, 66

[18] Y.-T. Chen, J. Cong, and B. Xiao. Aracompiler: a prototyping flow and evaluation framework for accelerator-rich architectures. In *Performance Analysis of Systems and Software (ISPASS), 2015 IEEE International Symposium on*, pages 157–158, March 2015. DOI: 10.1109/ISPASS.2015.7095795. 86

[19] E. Chi, A. M. Salem, R. I. Bahar, and R. Weiss. Combining software and hardware monitoring for improved power and performance tuning. In *Interaction Between Compilers and Computer Architectures, 2003. INTERACT-7 2003. Proceedings. Seventh Workshop on*, pages 57–64. IEEE, 2003. DOI: 10.1109/INTERA.2003.1192356. 16

[20] D. Chiou, P. Jain, L. Rudolph, and S. Devadas. Application-specific memory management for embedded systems using software-controlled caches. In *Proceedings of the 37th Annual Design Automation Conference*, DAC '00, pages 416–419, New York, NY, USA, 2000. ACM. DOI: 10.1145/337292.337523. 42, 49

[21] Y. K. Choi, J. Cong, and D. Wu. Fpga implementation of em algorithm for 3d ct reconstruction. In *Proceedings of the 2014 IEEE 22Nd International Symposium on Field-Programmable Custom Computing Machines*, FCCM '14, pages 157–160, Washington, DC, USA, 2014. IEEE Computer Society. DOI: 10.1109/FCCM.2014.48. 46

[22] Y. K. Choi, J. Cong, and D. Wu. Fpga implementation of em algorithm for 3d ct reconstruction. In *Field-Programmable Custom Computing Machines (FCCM), 2014 IEEE 22nd Annual International Symposium on*, pages 157–160. IEEE, 2014. DOI: 10.1109/FCCM.2014.48. 87

[23] E. S. Chung, J. D. Davis, and J. Lee. Linqits: Big data on little clients. In *Proceedings of the 40th Annual International Symposium on Computer Architecture*, pages 261–272. ACM, 2013. DOI: 10.1145/2485922.2485945. 30

[24] N. T. Clark, H. Zhong, and S. A. Mahlke. Automated custom instruction generation for domain-specific processor acceleration. *Computers, IEEE Transactions on*, 54(10):1258–1270, 2005. DOI: 10.1109/TC.2005.156. 20, 23

[25] J. Cong, Y. Fan, G. Han, and Z. Zhang. Application-specific instruction generation for configurable processor architectures. In *Proceedings of the 2004 ACM/SIGDA 12th international symposium on Field programmable gate arrays*, pages 183–189. ACM, 2004. DOI: 10.1145/968280.968307. 20, 23

[26] J. Cong, M. A. Ghodrat, M. Gill, B. Grigorian, K. Gururaj, and G. Reinman. Accelerator-rich architectures: Opportunities and progresses. In *Proceedings of the The 51st Annual Design Automation Conference on Design Automation Conference*, pages 1–6. ACM, 2014. DOI: 10.1145/2593069.2596667. 3, 13, 14, 15, 30, 33, 36, 37, 41

[27] J. Cong, M. A. Ghodrat, M. Gill, B. Grigorian, H. Huang, and G. Reinman. Composable accelerator-rich microprocessor enhanced for adaptivity and longevity. In *Low Power Electronics and Design (ISLPED), 2013 IEEE International Symposium on*, pages 305–310. IEEE, 2013. DOI: 10.1109/ISLPED.2013.6629314. 3

[28] J. Cong, M. A. Ghodrat, M. Gill, B. Grigorian, and G. Reinman. Architecture support for accelerator-rich cmps. In *Proceedings of the 49th Annual Design Automation Conference*, pages 843–849. ACM, 2012. DOI: 10.1145/2228360.2228512. 3, 26, 28, 29, 55

[29] J. Cong, M. A. Ghodrat, M. Gill, C. Liu, and G. Reinman. Bin: A buffer-in-nuca scheme for accelerator-rich cmps. In *Proceedings of the 2012 ACM/IEEE International Symposium on Low Power Electronics and Design*, ISLPED '12, pages 225–230, New York, NY, USA, 2012. ACM. DOI: 10.1145/2333660.2333715. 42, 46, 49, 55, 56, 57, 58

[30] J. Cong, M. Gill, Y. Hao, G. Reinman, and B. Yuan. On-chip interconnection network for accelerator-rich architectures. In *Proceedings of the 52th Annual Design Automation Conference*, DAC '15, New York, NY, USA, 2015. ACM. DOI: 10.1145/2744769.2744879. 70

[31] J. Cong, H. Guoling, A. Jagannathan, G. Reinman, and K. Rutkowski. Accelerating sequential applications on cmps using core spilling. *Parallel and Distributed Systems, IEEE Transactions on*, 18(8):1094–1107, 2007. DOI: 10.1109/TPDS.2007.1085. 17

[32] J. Cong, K. Gururaj, H. Huang, C. Liu, G. Reinman, and Y. Zou. An energy-efficient adaptive hybrid cache. In *Proceedings of the 17th IEEE/ACM International Symposium on Low-power Electronics and Design*, ISLPED '11, pages 67–72, Piscataway, NJ, USA, 2011. IEEE Press. DOI: 10.1109/ISLPED.2011.5993609. 42, 49, 51, 52, 53, 54, 62, 65

[33] J. Cong, P. Li, B. Xiao, and P. Zhang. An Optimal Microarchitecture for Stencil Computation Acceleration Based on Non-Uniform Partitioning of Data Reuse Buffers. In *Proceedings of the The 51st Annual Design Automation Conference on Design Automation Conference - DAC '14*, pages 1–6, 2014. DOI: 10.1145/2593069.2593090. 46, 49, 75, 79, 80

[34] J. Cong, P. Li, B. Xiao, and P. Zhang. An Optimal Microarchitecture for Stencil Computation Acceleration Based on Non-Uniform Partitioning of Data Reuse Buffers. Technical report, Computer Science Department, UCLA, TR140009, 2014. DOI: 10.1145/2593069.2593090. 78

[35] J. Cong, B. Liu, S. Neuendorffer, J. Noguera, K. Vissers, and Z. Zhang. High-level synthesis for fpgas: From prototyping to deployment. *Computer-Aided Design of Inte-*

grated Circuits and Systems, IEEE Transactions on, 30(4):473–491, 2011. DOI: 10.1109/T-CAD.2011.2110592. 30

[36] J. Cong, B. Liu, S. Neuendorffer, J. Noguera, K. Vissers, and Z. Zhang. High-Level Synthesis for FPGAs: From Prototyping to Deployment. *IEEE Transactions on Computer-Aided Design of Integrated Circuits and Systems*, 30(4):473–491, Apr. 2011. DOI: 10.1109/TCAD.2011.2110592. 73

[37] J. Cong, C. Liu, and G. Reinman. ACES : Application-Specific Cycle Elimination and Splitting for Deadlock-Free Routing on Irregular Network-on-Chip. In *Proceedings of the 47th Design Automation Conference on - DAC '10*, page 443, 2010. DOI: 10.1145/1837274.1837385. 75, 76, 77, 78

[38] J. Cong, V. Sarkar, G. Reinman, and A. Bui. Customizable Domain-Specific Computing. *IEEE Design and Test of Computers*, 28(2):6–15, Mar. 2011. DOI: 10.1109/MDT.2010.141. 2, 79

[39] J. Cong, V. Sarkar, G. Reinman, and A. Bui. Customizable domain-specific computing. *Design Test of Computers, IEEE*, 28(2):6–15, March 2011. DOI: 10.1109/MDT.2010.141. 5

[40] J. Cong and B. Xiao. Optimization of Interconnects Between Accelerators and Shared Memories in Dark Silicon. In *International Conference on Computer-Aided Design (IC-CAD)*, 2013. DOI: 10.1109/ICCAD.2013.6691182. 73, 74, 75

[41] J. Cong and B. Xiao. FPGA-RPI: A Novel FPGA Architecture With RRAM-Based Programmable Interconnects. *IEEE Transactions on Very Large Scale Integration (VLSI) Systems*, 22(4):864–877, Apr. 2014. DOI: 10.1109/TVLSI.2013.2259512. 82, 83

[42] J. Cong, P. Zhang, and Y. Zou. Combined loop transformation and hierarchy allocation for data reuse optimization. In *Proceedings of the International Conference on Computer-Aided Design*, ICCAD '11, pages 185–192, Piscataway, NJ, USA, 2011. IEEE Press. DOI: 10.1109/ICCAD.2011.6105324. 55

[43] H. Cook, K. Asanović, and D. A. Patterson. Virtual local stores: Enabling software-managed memory hierarchies in mainstream computing environments. Technical Report UCB/EECS-2009-131, EECS Department, University of California, Berkeley, Sep 2009. 42

[44] L. P. Cordella, P. Foggia, C. Sansone, and M. Vento. A (sub) graph isomorphism algorithm for matching large graphs. *Pattern Analysis and Machine Intelligence, IEEE Transactions on*, 26(10):1367–1372, 2004. DOI: 10.1109/TPAMI.2004.75. 23

[45] R. Dennard, F. Gaensslen, V. Rideout, E. Bassous, and A. LeBlanc. Design of ion-implanted MOSFET's with very small physical dimensions. *IEEE Journal of Solid-State Circuits*, 9(5):256–268, Oct. 1974. DOI: 10.1109/JSSC.1974.1050511. 1

[46] P. Dlugosch, D. Brown, P. Glendenning, M. Leventhal, and H. Noyes. An efficient and scalable semiconductor architecture for parallel automata processing. 2014. 87

[47] X. Dong, X. Wu, G. Sun, Y. Xie, H. Li, and Y. Chen. Circuit and microarchitecture evaluation of 3d stacking magnetic ram (mram) as a universal memory replacement. In *Proceedings of the 45th Annual Design Automation Conference*, DAC '08, pages 554–559, New York, NY, USA, 2008. ACM. DOI: 10.1145/1391469.1391610. 58

[48] J. Duato and T. Pinkston. A general theory for deadlock-free adaptive routing using a

mixed set of resources. *IEEE Transactions on Parallel and Distributed Systems*, 12(12):1219–1235, 2001. DOI: 10.1109/71.970556. 75

[49] A. E. Eichenberger, K. O'Brien, P. Wu, T. Chen, P. H. Oden, D. A. Prener, J. C. Shepherd, B. So, Z. Sura, A. Wang, et al. Optimizing compiler for the cell processor. In *Parallel Architectures and Compilation Techniques, 2005. PACT 2005. 14th International Conference on*, pages 161–172. IEEE, 2005. DOI: 10.1109/PACT.2005.33. 23

[50] A. E. Eichenberger, P. Wu, and K. O'brien. Vectorization for simd architectures with alignment constraints. In *ACM SIGPLAN Notices*, volume 39, pages 82–93. ACM, 2004. DOI: 10.1145/996893.996853. 23

[51] H. Esmaeilzadeh, E. Blem, R. St. Amant, K. Sankaralingam, and D. Burger. Dark silicon and the end of multicore scaling. In *Proceeding of the 38th annual international symposium on Computer architecture - ISCA '11*, volume 39, pages 365–376, July 2011. DOI: 10.1145/2000064.2000108. 1, 2, 3

[52] R. Espasa, F. Ardanaz, J. Emer, S. Felix, J. Gago, R. Gramunt, I. Hernandez, T. Juan, G. Lowney, M. Mattina, et al. Tarantula: a vector extension to the alpha architecture. In *Computer Architecture, 2002. Proceedings. 29th Annual International Symposium on*, pages 281–292. IEEE, 2002. DOI: 10.1145/545214.545247. 20

[53] C. F. Fajardo, Z. Fang, R. Iyer, G. F. Garcia, S. E. Lee, and L. Zhao. Buffer-integrated-cache: A cost-effective sram architecture for handheld and embedded platforms. In *Proceedings of the 48th Design Automation Conference*, DAC '11, pages 966–971, New York, NY, USA, 2011. ACM. DOI: 10.1145/2024724.2024938. 42, 46, 49, 54, 55

[54] T. Feist. Vivado design suite. *Xilinx, White Paper Version*, 1, 2012. 30

[55] N. Firasta, M. Buxton, P. Jinbo, K. Nasri, and S. Kuo. Intel avx: New frontiers in performance improvements and energy efficiency. *Intel white paper*, 2008. 19, 20

[56] K. Flautner, N. S. Kim, S. Martin, D. Blaauw, and T. Mudge. Drowsy caches: Simple techniques for reducing leakage power. In *Proceedings of the 29th Annual International Symposium on Computer Architecture*, ISCA '02, pages 148–157, Washington, DC, USA, 2002. IEEE Computer Society. DOI: 10.1109/ISCA.2002.1003572. 43

[57] J. Flich and J. Duato. Logic-Based Distributed Routing for NoCs. *IEEE Computer Architecture Letters*, 7(1):13–16, Jan. 2008. DOI: 10.1109/L-CA.2007.16. 76

[58] H. Franke, J. Xenidis, C. Basso, B. M. Bass, S. S. Woodward, J. D. Brown, and C. L. Johnson. Introduction to the wire-speed processor and architecture. *IBM Journal of Research and Development*, 54(1):3–1, 2010. DOI: 10.1147/JRD.2009.2036980. 26, 27, 28

[59] P.-E. Gaillardon, M. Haykel Ben-Jamaa, G. Betti Beneventi, F. Clermidy, and L. Perniola. Emerging memory technologies for reconfigurable routing in FPGA architecture. In *International Conference on Electronics, Circuits and Systems (ICECS)*, pages 62–65, Dec. 2010. DOI: 10.1109/ICECS.2010.5724454. 82

[60] P.-E. Gaillardon, D. Sacchetto, G. B. Beneventi, M. H. Ben Jamaa, L. Perniola, F. Clermidy, I. O'Connor, and G. De Micheli. Design and Architectural Assessment of 3-D Resistive Memory Technologies in FPGAs. *IEEE Transactions on Nanotechnology*, 12(1):40–50, Jan. 2013. DOI: 10.1109/TNANO.2012.2226747. 82

[61] S. Goldstein, H. Schmit, M. Budiu, S. Cadambi, M. Moe, and R. Taylor. PipeRench: a reconfigurable architecture and compiler. *Computer*, 33(4):70–77, Apr. 2000. DOI: 10.1109/2.839324. 3

[62] V. Govindaraju, C.-H. Ho, T. Nowatzki, J. Chhugani, N. Satish, K. Sankaralingam, and C. Kim. DySER: Unifying Functionality and Parallelism Specialization for Energy-Efficient Computing. *IEEE Micro*, 32(5):38–51, Sept. 2012. DOI: 10.1109/MM.2012.51. 3

[63] V. Govindaraju, C.-H. Ho, and K. Sankaralingam. Dynamically specialized datapaths for energy efficient computing. In *High Performance Computer Architecture (HPCA), 2011 IEEE 17th International Symposium on*, pages 503–514. IEEE, 2011. DOI: 10.1109/HPCA.2011.5749755. 19, 21

[64] P. Greenhalgh. Big. little processing with arm cortex-a15 & cortex-a7. *ARM White Paper*, 2011. 17

[65] W. Guan, S. Long, Q. Liu, M. Liu, and W. Wang. Nonpolar Nonvolatile Resistive Switching in Cu Doped ZrO_2. *IEEE Electron Device Letters*, 29(5):434–437, May 2008. DOI: 10.1109/LED.2008.919602. 83

[66] S. Gupta, S. Feng, A. Ansari, S. Mahlke, and D. August. Bundled execution of recurring traces for energy-efficient general purpose processing. In *Proceedings of the 44th Annual IEEE/ACM International Symposium on Microarchitecture*, pages 12–23. ACM, 2011. DOI: 10.1145/2155620.2155623. 19, 21, 22, 23

[67] R. Hameed, W. Qadeer, M. Wachs, O. Azizi, A. Solomatnikov, B. C. Lee, S. Richardson, C. Kozyrakis, and M. Horowitz. Understanding sources of inefficiency in general-purpose chips. *International Symposium on Computer Architecture*, page 37, 2010. DOI: 10.1145/1816038.1815968. 2, 73

[68] T. Hayes, O. Palomar, O. Unsal, A. Cristal, and M. Valero. Vector extensions for decision support dbms acceleration. In *Microarchitecture (MICRO), 2012 45th Annual IEEE/ACM International Symposium on*, pages 166–176. IEEE, 2012. DOI: 10.1109/MICRO.2012.24. 20

[69] B. He, K. Yang, R. Fang, M. Lu, N. Govindaraju, Q. Luo, and P. Sander. Relational joins on graphics processors. In *Proceedings of the 2008 ACM SIGMOD international conference on Management of data*, pages 511–524. ACM, 2008. DOI: 10.1145/1376616.1376670. 87

[70] T. Henretty, J. Holewinski, N. Sedaghati, L.-N. Pouchet, A. Rountev, and P. Sadayappan. Stencil Domain Specific Language (SDSL) User Guide 0.2.1 draft. Technical report, OSU TR OSU-CISRC-4/13-TR09, 2013. 78

[71] H. P. Hofstee. Power efficient processor architecture and the cell processor. In *High-Performance Computer Architecture, 2005. HPCA-11. 11th International Symposium on*, pages 258–262. IEEE, 2005. DOI: 10.1109/HPCA.2005.26. 17

[72] IBM. Power8 coherent accelerator processor interface (CAPI). 86

[73] Intel. Intel QuickAssist acceleration technology for embedded systems. 86

[74] E. Ipek, M. Kirman, N. Kirman, and J. F. Martinez. Core fusion: accommodating software diversity in chip multiprocessors. In *ACM SIGARCH Computer Architecture News*, volume 35, pages 186–197. ACM, 2007. DOI: 10.1145/1273440.1250686. 17, 18

[75] I. Issenin, E. Brockmeyer, M. Miranda, and N. Dutt. Drdu: A data reuse analysis technique for efficient scratch-pad memory management. *ACM Trans. Des. Autom. Electron. Syst.*, 12(2), Apr. 2007. DOI: 10.1145/1230800.1230807. 41

[76] A. Jadidi, M. Arjomand, and H. Sarbazi-Azad. High-endurance and performance-efficient design of hybrid cache architectures through adaptive line replacement. In *Low Power Electronics and Design (ISLPED) 2011 International Symposium on*, pages 79–84, Aug 2011. DOI: 10.1109/ISLPED.2011.5993611. 42, 58, 59, 60, 61, 63, 64, 65

[77] S. Kaxiras, Z. Hu, and M. Martonosi. Cache decay: Exploiting generational behavior to reduce cache leakage power. In *Proceedings of the 28th Annual International Symposium on Computer Architecture*, ISCA '01, pages 240–251, New York, NY, USA, 2001. ACM. DOI: 10.1109/ISCA.2001.937453. 41, 43, 45, 46, 47, 60, 61

[78] S. Kaxiras and M. Martonosi. *Computer Architecture Techniques for Power-Efficiency*. Morgan and Claypool Publishers, 1st edition, 2008. DOI: 10.2200/S00119ED1V01Y200805CAC004. 43

[79] Y. Kim, G.-S. Byun, A. Tang, C.-P. Jou, H.-H. Hsieh, G. Reinman, J. Cong, and M. Chang. An 8gb/s/pin 4pj/b/pin single-t-line dual (base+rf) band simultaneous bidirectional mobile memory i/o interface with inter-channel interference suppression. In *Solid-State Circuits Conference Digest of Technical Papers (ISSCC), 2012 IEEE International*, pages 50–52. IEEE, 2012. DOI: 10.1109/ISSCC.2012.6176874. 87

[80] T. Kluter, P. Brisk, P. Ienne, and E. Charbon. Way stealing: Cache-assisted automatic instruction set extensions. In *Proceedings of the 46th Annual Design Automation Conference*, DAC '09, pages 31–36, New York, NY, USA, 2009. ACM. DOI: 10.1145/1629911.1629923. 42

[81] M. Koester, M. Porrmann, and H. Kalte. Task placement for heterogeneous reconfigurable architectures. In *Field-Programmable Technology, 2005. Proceedings. 2005 IEEE International Conference on*, pages 43–50. IEEE, 2005. 32

[82] M. Kong, R. Veras, K. Stock, F. Franchetti, L.-N. Pouchet, and P. Sadayappan. When polyhedral transformations meet simd code generation. *ACM SIGPLAN Notices*, 48(6):127–138, 2013. DOI: 10.1145/2499370.2462187. 23

[83] A. Kumar, L.-S. Peh, P. Kundu, and N. K. Jha. Express virtual channels: Towards the ideal interconnection fabric. In *Proceedings of the 34th Annual International Symposium on Computer Architecture*, ISCA '07, pages 150–161, New York, NY, USA, 2007. ACM. DOI: 10.1145/1273440.1250681. 70

[84] R. Kumar, K. I. Farkas, N. P. Jouppi, P. Ranganathan, and D. M. Tullsen. Single-isa heterogeneous multi-core architectures: The potential for processor power reduction. In *Microarchitecture, 2003. MICRO-36. Proceedings. 36th Annual IEEE/ACM International Symposium on*, pages 81–92. IEEE, 2003. DOI: 10.1145/956417.956569. 17

[85] I. Kuon and J. Rose. Measuring the Gap Between FPGAs and ASICs. *IEEE Transactions on Computer-Aided Design of Integrated Circuits and Systems*, 26(2):203–215, Feb. 2007. DOI: 10.1109/TCAD.2006.884574. 86

[86] B. C. Lee, E. Ipek, O. Mutlu, and D. Burger. Architecting phase change memory as a scalable dram alternative. In *Proceedings of the 36th Annual International Symposium on Computer Architecture*, ISCA '09, pages 2–13, New York, NY, USA, 2009. ACM. DOI: 10.1145/1555815.1555758. 58

[87] P. Li, Y. Wang, P. Zhang, G. Luo, T. Wang, and J. Cong. Memory partitioning

and scheduling co-optimization in behavioral synthesis. In *International Conference on Computer-Aided Design*, pages 488–495, 2012. DOI: 10.1145/2429384.2429484. 78

[88] M. Lipson. Guiding, modulating, and emitting light on Silicon-challenges and opportunities. *Journal of Lightwave Technology*, 23(12):4222–4238, Dec. 2005. DOI: 10.1109/JLT.2005.858225. 81

[89] M. J. Lyons, M. Hempstead, G.-Y. Wei, and D. Brooks. The accelerator store: A shared memory framework for accelerator-based systems. *ACM Trans. Archit. Code Optim.*, 8(4):48:1–48:22, Jan. 2012. DOI: 10.1145/2086696.2086727. 3, 41, 42, 46, 47, 48, 73

[90] J. D. C. Maia, G. A. Urquiza Carvalho, C. P. Mangueira Jr, S. R. Santana, L. A. F. Cabral, and G. B. Rocha. Gpu linear algebra libraries and gpgpu programming for accelerating mopac semiempirical quantum chemistry calculations. *Journal of Chemical Theory and Computation*, 8(9):3072–3081, 2012. DOI: 10.1021/ct3004645. 87

[91] A. Marshall, T. Stansfield, I. Kostarnov, J. Vuillemin, and B. Hutchings. A reconfigurable arithmetic array for multimedia applications. In *International Symposium on FPGAs*, pages 135–143, 1999. DOI: 10.1145/296399.296444. 3

[92] B. Mei, S. Vernalde, D. Verkest, H. De Man, and R. Lauwereins. Exploiting loop-level parallelism on coarse-grained reconfigurable architectures using modulo scheduling. In *Computers and Digital Techniques, IEE Proceedings-*, volume 150, pages 255–61. IET, 2003. DOI: 10.1049/ip-cdt:20030833. 30

[93] A. Meyerson and B. Tagiku. *Approximation, Randomization, and Combinatorial Optimization. Algorithms and Techniques*, volume 5687 of *Lecture Notes in Computer Science*. Springer Berlin Heidelberg, Berlin, Heidelberg, 2009. 69

[94] E. Mirsky and A. Dehon. MATRIX: a reconfigurable computing architecture with configurable instruction distribution and deployable resources. In *IEEE Symposium on FPGAs for Custom Computing Machines*, pages 157–166, 1996. DOI: 10.1109/FPGA.1996.564808. 3

[95] R. K. Montoye, E. Hokenek, and S. L. Runyon. Design of the ibm risc system/6000 floating-point execution unit. *IBM Journal of research and development*, 34(1):59–70, 1990. DOI: 10.1147/rd.341.0059. 19, 20

[96] C. A. Moritz, M. I. Frank, and S. Amarasinghe. Flexcache: A framework for flexible compiler generated data caching, 2001. DOI: 10.1007/3-540-44570-6_9. 42

[97] A. A. Nacci, V. Rana, F. Bruschi, D. Sciuto, I. Beretta, and D. Atienza. A high-level synthesis flow for the implementation of iterative stencil loop algorithms on FPGA devices. In *Design Automation Conference*, page 1, 2013. DOI: 10.1145/2463209.2488797. 79

[98] U. Nawathe, M. Hassan, L. Warriner, K. Yen, B. Upputuri, D. Greenhill, A. Kumar, and H. Park. An 8-core, 64-thread, 64-bit, power efficient sparc soc (niagara 2). *ISSCC, http://www. opensparc. net/pubs/preszo/07/n2isscc. pdf*, 2007. DOI: 10.1145/1231996.1232000. 26

[99] U. Ogras and R. Marculescu. Energy- and Performance-Driven NoC Communication Architecture Synthesis Using a Decomposition Approach. In *Design, Automation and Test in Europe*, number 9097, pages 352–357, 2005. DOI: 10.1109/DATE.2005.137. 69, 70

[100] U. Ogras and R. Marculescu. "It's a small world after all": NoC performance optimization via long-range link insertion. *IEEE Transactions on Very Large Scale Integration (VLSI) Systems*, 14(7):693–706, July 2006. DOI: 10.1109/TVLSI.2006.878263. 69, 76

[101] S. Onkaraiah, P.-e. Gaillardon, M. Reyboz, F. Clermidy, J.-m. Portal, M. Bocquet, and C. Muller. Using OxRRAM memories for improving communications of reconfigurable FPGA architectures. In *International Symposium on Nanoscale Architectures (NANOARCH)*, pages 65–69, June 2011. DOI: 10.1109/NANOARCH.2011.5941485. 82

[102] J. Ouyang, S. Lin, Z. Hou, P. Wang, Y. Wang, and G. Sun. Active ssd design for energy-efficiency improvement of web-scale data analysis. In *Proceedings of the International Symposium on Low Power Electronics and Design*, pages 286–291. IEEE Press, 2013. DOI: 10.1109/ISLPED.2013.6629310. 87

[103] M. Palesi, R. Holsmark, S. Kumar, and V. Catania. Application Specific Routing Algorithms for Networks on Chip. *IEEE Transactions on Parallel and Distributed Systems*, 20(3):316–330, Mar. 2009. DOI: 10.1109/TPDS.2008.106. 75, 76

[104] H. Park, Y. Park, and S. Mahlke. Polymorphic pipeline array: a flexible multicore accelerator with virtualized execution for mobile multimedia applications. In *Proceedings of the 42nd Annual IEEE/ACM International Symposium on Microarchitecture*, pages 370–380. ACM, 2009. DOI: 10.1145/1669112.1669160. 30, 32

[105] D. Pham, T. Aipperspach, D. Boerstler, M. Bolliger, R. Chaudhry, D. Cox, P. Harvey, P. Harvey, H. Hofstee, C. Johns, J. Kahle, A. Kameyama, J. Keaty, Y. Masubuchi, M. Pham, J. Pille, S. Posluszny, M. Riley, D. Stasiak, M. Suzuoki, O. Takahashi, J. Warnock, S. Weitzel, D. Wendel, and K. Yazawa. Overview of the architecture, circuit design, and physical implementation of a first-generation cell processor. *Solid-State Circuits, IEEE Journal of*, 41(1):179–196, Jan 2006. DOI: 10.1109/JSSC.2005.859896. 39, 42

[106] A. Pinto, L. Carloni, and A. Sangiovanni-Vincentelli. Efficient synthesis of networks on chip. In *Proceedings 21st International Conference on Computer Design*, pages 146–150, 2003. DOI: 10.1109/ICCD.2003.1240887. 69, 70

[107] M. Powell, S.-H. Yang, B. Falsafi, K. Roy, and T. N. Vijaykumar. Gated-vdd: A circuit technique to reduce leakage in deep-submicron cache memories. In *Proceedings of the 2000 International Symposium on Low Power Electronics and Design*, ISLPED '00, pages 90–95, New York, NY, USA, 2000. ACM. DOI: 10.1145/344166.344526. 41, 43, 45, 60, 61

[108] M. Pricopi and T. Mitra. Bahurupi: A polymorphic heterogeneous multi-core architecture. *ACM Transactions on Architecture and Code Optimization (TACO)*, 8(4):22, 2012. DOI: 10.1145/2086696.2086701. 17

[109] A. Putnam, A. M. Caulfield, E. S. Chung, D. Chiou, K. Constantinides, J. Demme, H. Esmaeilzadeh, J. Fowers, G. P. Gopal, J. Gray, et al. A reconfigurable fabric for accelerating large-scale datacenter services. In *Computer Architecture (ISCA), 2014 ACM/IEEE 41st International Symposium on*, pages 13–24. IEEE, 2014. DOI: 10.1109/ISCA.2014.6853195. 87

[110] M. K. Qureshi, D. Thompson, and Y. N. Patt. The v-way cache: Demand based associativity via global replacement. In *Proceedings of the 32Nd Annual International Symposium on Computer Architecture*, ISCA '05, pages 544–555, Washington, DC, USA, 2005. IEEE Computer Society. DOI: 10.1145/1080695.1070015. 51

[111] S. K. Raman, V. Pentkovski, and J. Keshava. Implementing streaming simd extensions on the pentium iii processor. *IEEE micro*, 20(4):47–57, 2000. DOI: 10.1109/40.865866. 19, 20

[112] A. Ramirez, F. Cabarcas, B. Juurlink, M. Alvarez Mesa, F. Sanchez, A. Azevedo, C. Meenderinck, C. Ciobanu, S. Isaza, and G. Gaydadjiev. The sarc architecture. *IEEE micro*, 30(5):16–29, 2010. DOI: 10.1109/MM.2010.79. 26

[113] P. Ranganathan, S. Adve, and N. P. Jouppi. Reconfigurable caches and their application to media processing. In *Proceedings of the 27th Annual International Symposium on Computer Architecture*, ISCA '00, pages 214–224, New York, NY, USA, 2000. ACM. DOI: 10.1145/342001.339685. 42, 49, 50, 51

[114] R. Riedlinger, R. Bhatia, L. Biro, B. Bowhill, E. Fetzer, P. Gronowski, and T. Grutkowski. A 32nm 3.1 billion transistor 12-wide-issue itanium processor for mission-critical servers. In *Solid-State Circuits Conference Digest of Technical Papers (ISSCC), 2011 IEEE International*, pages 84–86, Feb 2011. DOI: 10.1109/ISSCC.2011.5746230. 43

[115] R. Rodrigues, A. Annamalai, I. Koren, S. Kundu, and O. Khan. Performance per watt benefits of dynamic core morphing in asymmetric multicores. In *Parallel Architectures and Compilation Techniques (PACT), 2011 International Conference on*, pages 121–130. IEEE, 2011. DOI: 10.1109/PACT.2011.18. 17

[116] P. Schaumont and I. Verbauwhede. Domain-specific codesign for embedded security. *Computer*, 36(4):68–74, Apr. 2003. DOI: 10.1109/MC.2003.1193231. 2

[117] S.-S. Sheu, P.-C. Chiang, W.-P. Lin, H.-Y. Lee, P.-S. Chen, T.-Y. Wu, F. T. Chen, K.-L. Su, M.-J. Kao, and K.-H. Cheng. A 5ns Fast Write Multi-Level Non-Volatile 1 K bits RRAM Memory with Advance Write Scheme. In *VLSI Circuits, Symposium on*, pages 82–83, 2009. 83

[118] H. Singh, M.-H. Lee, G. Lu, F. J. Kurdahi, N. Bagherzadeh, and E. M. Chaves Filho. Morphosys: an integrated reconfigurable system for data-parallel and computation-intensive applications. *Computers, IEEE Transactions on*, 49(5):465–481, 2000. DOI: 10.1109/12.859540. 3, 32, 33

[119] A. Solomatnikov, A. Firoozshahian, W. Qadeer, O. Shacham, K. Kelley, Z. Asgar, M. Wachs, R. Hameed, and M. Horowitz. Chip multi-processor generator. In *Proceedings of the 44th annual conference on Design automation - DAC '07*, page 262, 2007. DOI: 10.1145/1278480.1278544. 2

[120] D. Starobinski, M. Karpovsky, and L. Zakrevski. Application of network calculus to general topologies using turn-prohibition. *IEEE/ACM Transactions on Networking*, 11(3):411–421, June 2003. DOI: 10.1109/TNET.2003.813040. 75

[121] G. Sun, X. Dong, Y. Xie, J. Li, and Y. Chen. A novel architecture of the 3d stacked mram l2 cache for cmps. In *High Performance Computer Architecture, 2009. HPCA 2009. IEEE 15th International Symposium on*, pages 239–249, Feb 2009. DOI: 10.1109/HPCA.2009.4798259. 42, 58, 59

[122] S. Tanachutiwat, M. Liu, and W. Wang. FPGA Based on Integration of CMOS and RRAM. *IEEE Transactions on Very Large Scale Integration (VLSI) Systems*, 19(11):2023–2032, Nov. 2011. DOI: 10.1109/TVLSI.2010.2063444. 82

[123] D. Tarjan, M. Boyer, and K. Skadron. Federation: Repurposing scalar cores for out-of-order instruction issue. In *Proceedings of the 45th annual Design Automation Conference*, pages 772–775. ACM, 2008. DOI: 10.1145/1391469.1391666. 17

[124] K. Tsunoda, K. Kinoshita, H. Noshiro, Y. Yamazaki, T. Iizuka, Y. Ito, A. Takahashi, A. Okano, Y. Sato, T. Fukano, M. Aoki, and Y. Sugiyama. Low Power and High Speed

Switching of Ti-doped NiO ReRAM under the Unipolar Voltage Source of less than 3V. In *International Electron Devices Meeting (IEDM)*, pages 767–770, Dec. 2007. DOI: 10.1109/IEDM.2007.4419060. 83

[125] O. S. Unsal, C. M. Krishna, and C. Mositz. Cool-fetch: Compiler-enabled power-aware fetch throttling. *Computer Architecture Letters*, 1(1):5–5, 2002. DOI: 10.1109/L-CA.2002.3. 16

[126] D. Vantrease, N. Binkert, R. Schreiber, and M. H. Lipasti. Light speed arbitration and flow control for nanophotonic interconnects. *Proceedings of the 42nd Annual IEEE/ACM International Symposium on Microarchitecture - Micro-42*, page 304, 2009. DOI: 10.1145/1669112.1669152. 69

[127] D. Vantrease, R. Schreiber, M. Monchiero, M. McLaren, N. P. Jouppi, M. Fiorentino, A. Davis, N. Binkert, R. G. Beausoleil, and J. H. Ahn. Corona : System Implications of Emerging Nanophotonic Technology. *2008 International Symposium on Computer Architecture*, pages 153–164, June 2008. DOI: 10.1109/ISCA.2008.35. 81

[128] G. Venkatesh, J. Sampson, N. Goulding, S. Garcia, V. Bryksin, J. Lugo-Martinez, S. Swanson, and M. B. Taylor. Conservation cores: reducing the energy of mature computations. In *ACM SIGARCH Computer Architecture News*, volume 38, pages 205–218. ACM, 2010. DOI: 10.1145/1735970.1736044. 1, 3

[129] C.-H. Wang, Y.-H. Tsai, K.-C. Lin, M.-F. Chang, Y.-C. King, C.-J. Lin, S.-S. Sheu, Y.-S. Chen, H.-Y. Lee, F. T. Chen, and M.-J. Tsai. Three-Dimensional $4F^2$ ReRAM Cell with CMOS Logic Compatible Process. In *IEDM Technical Digest*, pages 664–667, 2010. DOI: 10.1109/IEDM.2010.5703446. 83

[130] Y. Wang, P. Li, P. Zhang, C. Zhang, and J. Cong. Memory partitioning for multidimensional arrays in high-level synthesis. In *Design Automation Conference*, page 1, 2013. DOI: 10.1145/2463209.2488748. 78

[131] Z. Wang, D. Jimenez, C. Xu, G. Sun, and Y. Xie. Adaptive placement and migration policy for an stt-ram-based hybrid cache. In *High Performance Computer Architecture (HPCA), 2014 IEEE 20th International Symposium on*, pages 13–24, Feb 2014. DOI: 10.1109/HPCA.2014.6835933. 42, 58, 59, 60, 61, 63, 66, 67

[132] X. Wu, J. Li, L. Zhang, E. Speight, R. Rajamony, and Y. Xie. Hybrid cache architecture with disparate memory technologies. In *Proceedings of the 36th Annual International Symposium on Computer Architecture*, ISCA '09, pages 34–45, New York, NY, USA, 2009. ACM. DOI: 10.1145/1555815.1555761. 42, 43, 58, 59, 60, 61, 63

[133] Xilinx. Zynq-7000 all programmable soc. 86

[134] S.-H. Yang, B. Falsafi, M. D. Powell, and T. N. Vijaykumar. Exploiting choice in resizable cache design to optimize deep-submicron processor energy-delay. In *Proceedings of the 8th International Symposium on High-Performance Computer Architecture*, HPCA '02, pages 151–, Washington, DC, USA, 2002. IEEE Computer Society. DOI: 10.1109/HPCA.2002.995706. 43

[135] Y. Ye, S. Borkar, and V. De. A new technique for standby leakage reduction in high-performance circuits. In *VLSI Circuits, 1998. Digest of Technical Papers. 1998 Symposium on*, pages 40–41, June 1998. DOI: 10.1109/VLSIC.1998.687996. 44

[136] P. Yu and T. Mitra.   Scalable custom instructions identification for instruction-set extensible processors.   In *Proceedings of the 2004 international conference on Compilers, architecture, and synthesis for embedded systems*, pages 69–78. ACM, 2004. DOI: 10.1145/1023833.1023844. 19, 20, 23

[137] M. Zhang and K. Asanović. Fine-grain cam-tag cache resizing using miss tags. In *Proceedings of the 2002 International Symposium on Low Power Electronics and Design*, ISLPED '02, pages 130–135, New York, NY, USA, 2002. ACM. DOI: 10.1109/LPE.2002.146725. 52, 62, 65

推荐阅读

计算机组成与设计：硬件/软件接口（原书第5版）

作者：[美] 戴维 A. 帕特森 等 ISBN：978-7-111-50482-5 定价：99.00元

本书是计算机组成与设计的经典畅销教材，第5版经过全面更新，关注后PC时代发生在计算机体系结构领域的革命性变革——从单核处理器到多核微处理器，从串行到并行。本书特别关注移动计算和云计算，通过平板电脑、云体系结构以及ARM（移动计算设备）和x86（云计算）体系结构来探索和揭示这场技术变革。

计算机体系结构：量化研究方法（英文版·第5版）

作者：[美] John L. Hennessy 等 ISBN：978-7-111-36458-0 定价：138.00元

本书系统地介绍了计算机系统的设计基础、指令集系统结构，流水线和指令集并行技术。层次化存储系统与存储设备。互连网络以及多处理器系统等重要内容。在这个最新版中，作者更新了单核处理器到多核处理器的历史发展过程的相关内容，同时依然使用他们广受好评的"量化研究方法"进行计算设计，并展示了多种可以实现并行，陛的技术，而这些技术可以看成是展现多处理器体系结构威力的关键!在介绍多处理器时，作者不但讲解了处理器的性能，还介绍了有关的设计要素，包括能力、可靠性、可用性和可信性。

深入理解计算机系统（英文版·第3版）

作者：（美）兰德尔 E.布莱恩特 大卫 R.奥哈拉伦 ISBN：978-7-111-56127-9 定价：239.00元

本书是一本将计算机软件和硬件理论结合讲述的经典教材，内容涵盖计算机导论、体系结构和处理器设计等多门课程。本书最大的特点是为程序员描述计算机系统的实现细节，通过描述程序是如何映射到系统上，以及程序是如何执行的，使读者更好地理解程序的行为，找到程序效率低下的原因。

编译原理（英文版·第2版）

作者：（美）Alfred V. Aho 等 ISBN：978-7-111-32674-8 定价：78.00元

本书是编译领域无可替代的经典著作，被广大计算机专业人士誉为"龙书"。本书上一版自1986年出版以来，被世界各地的著名高等院校和研究机构（包括美国哥伦比亚大学、斯坦福大学、哈佛大学、普林斯顿大学、贝尔实验室）作为本科生和研究生的编译原理课程的教材。该书对我国高等计算机教育领域也产生了重大影响。

第2版对每一章都进行了全面的修订，以反映自上一版出版二十多年来软件工程、程序设计语言和计算机体系结构方面的发展对编译技术的影响。

片上网络原理与设计

王志英 主编 马胜 黄立波 赖明澈 石伟 王鹏 著

定价: 99.00元 书号: 978-7-111-55516-2

　　国防科技大学王志英教授领衔撰写, 全景呈现其科研团队国际领先的研究方法和研究成果!

　　面对众核处理器时代的新挑战, 片上网络将报文交换思想引入芯片内部, 这已成为事实上的片上通信标准, 并且直接决定着未来计算机体系结构的发展方向。本书基于以通信为核心的跨层次优化方法, 涵盖大量有趣的课题, 既阐明了片上网络的基本原理, 也为解决当下的设计难题带来了启示。

本书特色

○ 自底向上。全面且深刻地探索片上网络设计空间, 从底层路由器、缓存和拓扑结构的实现, 到网络层路由算法和流控机制的设计, 再到片上网络与高层并行编程模式的协同优化。

○ 前沿创新。针对业界的性能瓶颈, 讨论了多项创新性技术思想, 如无死锁路由算法和无死锁流控机制等, 实验数据详实, 切实提高了众核处理器的通信层性能, 并降低了硬件开销。

○ 引领方向。如何设计电源门控以降低静态功耗? 如何提高CPU和GPU异构结构的效率? 如何面向事务存储编程模式定制片上网络结构? 这些追问或将展开体系结构设计的新维度。